严酷环境下风积沙混凝土的耐久性能与寿命预测

吴俊臣　褚菁晶　牛恒茂　牛建刚　著

本书数字资源

北　京

冶金工业出版社

2024

内 容 提 要

本书主要介绍了不同替代量的风积沙混凝土在严寒、盐腐蚀、干湿单一、耦合因素作用下的损伤特性、损伤机理、氯离子扩散特性，分别建立了基于碳化理论、氯离子扩散理论和冻融损伤特性的风积沙混凝土寿命预测模型，模型的建立为上述环境下服役的风积沙混凝土提供理论参考。

本书可供从事风积沙混凝土耐久性能研究、风积沙资源开发利用等领域的研究人员、工程技术人员阅读，也可作为高等学校土木工程、水利工程等专业研究生、本科生的参考书。

图书在版编目（CIP）数据

严酷环境下风积沙混凝土的耐久性能与寿命预测／吴俊臣等著 . —北京：冶金工业出版社，2024.9
ISBN 978-7-5024-9867-2

Ⅰ . ① 严 ⋯　Ⅱ . ① 吴 ⋯　Ⅲ . ① 风积土—混凝土—研究　Ⅳ . ①TU528.56

中国国家版本馆 CIP 数据核字（2024）第 094420 号

严酷环境下风积沙混凝土的耐久性能与寿命预测

出版发行	冶金工业出版社	**电　话**	(010)64027926
地　址	北京市东城区嵩祝院北巷 39 号	**邮　编**	100009
网　址	www.mip1953.com	**电子信箱**	service@ mip1953.com

责任编辑　于昕蕾　美术编辑　吕欣童　版式设计　郑小利
责任校对　范天娇　责任印制　禹　蕊
三河市双峰印刷装订有限公司印刷
2024 年 9 月第 1 版，2024 年 9 月第 1 次印刷
710mm×1000mm　1/16；11.5 印张；223 千字；173 页
定价 78.00 元

投稿电话　(010)64027932　投稿信箱　tougao@cnmip.com.cn
营销中心电话　(010)64044283
冶金工业出版社天猫旗舰店　yjgycbs.tmall.com
（本书如有印装质量问题，本社营销中心负责退换）

前　言

随着我国基础设施建设数量与规模不断扩大，天然砂石资源日渐枯竭，建筑原材料制造、施工、运维全寿命周期的巨量碳排放现状，建筑业已成为我国能源消耗大户和碳排放大户，导致严重环境污染。因此，研发推广应用新型绿色、节能、低碳、环保的建筑材料，加快建筑业转型升级，对实现我国经济社会高质量发展具有重大意义。

自然界风积沙资源储量极为丰富，研究风积沙工程领域安全利用技术，加快其工程应用试点示范和推广，从而拓展风积沙资源的多领域应用。

近些年，本书作者针对我国西北部地区显著的严寒、干旱和盐渍环境特点，对材料因素、环境因素等单一或耦合情况进行了大量的长期耐久性试验，研究了风积沙混凝土的损伤劣化特点、过程、规律以及各因素正负效应叠加与交互作用。在此基础上提炼总结了不同损伤因素耦合作用之下风积沙混凝土的损伤劣化机理，结合实际工程案例，建立了不同耦合因素作用下的耐久性评价指标、体系以及寿命预测模型。本书的内容主要基于作者以上的研究成果。

全书共7章，主要内容如下：第1章从材料、环境和结构3个维度论述了混凝土材料使用现状、混凝土结构耐久性研究现状与进展，指出混凝土结构耐久性失效是外部环境、材料内部因素的物理与化学作用耦合作用结果。第2章中制备了大流动性低强度等级的ASC，测定了不同混凝土的抗压强度、劈拉强度和含气量，借助微观测试方法分别进行了XRD物相分析、SEM形貌分析和气泡间距孔结构分析。第3~5章分析了风积沙混凝土在冻融、干湿循环和盐腐蚀在单因素、双因素和多因素耦合作用下的损伤失效特点与规律，揭示了风积沙混凝土在寒旱、盐蚀环境各因素耦合作用下的损伤失效机理，建立了风积沙混凝土在不同因素作用下的损伤失效演化方程。第6章分析了氯离子在风积沙混凝土内部的传输扩散问题，分别讨论了在不同环境因素作用下的氯离子传输机理、扩散性能，得到了不同工况作用下的氯离子扩散指标。第7章建立了风积沙混凝土加速碳化深度预测模型，建立了ASC氯离子扩散新方程，得到了ASC基于氯离子扩散理论的寿命预测模型。基于不同工况作用，构建了冻融环境下ASC的损伤度评价指标，经过验证可更准确、全面地评价ASC在冻融环境下的损伤程度。

参加本项目研究的单位是内蒙古建筑职业技术学院、内蒙古农业大学，其中内蒙古建筑职业技术学院是牵头负责单位。

本书编写分工如下：1.1～1.3节、2.1～2.5节、3.1～3.2节、4.1～4.3节、5.1～5.3节、6.1节、6.2节、7.1～7.3节由吴俊臣撰写，1.4节、2.6节、3.3节、4.4节、5.4节、6.3节由褚菁晶撰写，2.7节、2.8节由牛恒茂撰写，7.4节、7.5节由牛建刚撰写。全书由吴俊臣负责统稿。

在本书完稿之际，作者特别要感谢2022年内蒙古自治区直属高校基本科研业务费基金对本著作的资助，从而保证了著作的顺利完成；特别感谢申向东教授和牛建刚教授作为本书的主要审稿人对全书进行了详尽的审阅，并提出了许多宝贵的意见和建议。本著作引用了大量的文献资料，针对部分问题也和一些同行专家学者进行了探讨与请教，获得了诸多有益帮助与启发，在此对本书出版提供帮助的所有相关人员表示衷心感谢。

由于著者水平所限，书中疏漏之处在所难免，敬请读者不吝赐教。

作　者
2024年1月于呼和浩特市

缩 略 语 表

ASC（aeolian sand concrete） 风积沙混凝土

20%ASC（20% aeolian sand content of concrete） 20%掺量的风积沙混凝土

40%ASC（40% aeolian sand content of concrete） 40%掺量的风积沙混凝土

60%ASC（60% aeolian sand content of concrete） 60%掺量的风积沙混凝土

80%ASC（80% aeolian sand content of concrete） 80%掺量的风积沙混凝土

100%ASC（100% aeolian sand content of concrete） 100%掺量的风积沙混凝土

AFM（atomic force microscopy） 原子力显微镜

AFt（$3CaO \cdot Al_2O_3 \cdot 3CaSO_4 \cdot 32H_2O$） 钙矾石

AFm（$3CaO \cdot Al_2O_3 \cdot 3SO_4 \cdot 12H_2O$） 单硫型水化硫铝酸钙

C-H（$Ca(OH)_2$） 氢氧化钙

C_2S（$2CaO \cdot SiO_2$） 硅酸二钙

C_3S（$3CaO \cdot SiO_2$） 硅酸三钙

C_4AF（$4CaO \cdot Al_2O_3 \cdot Fe_2O_3$） 铁铝酸四钙

C_3A（$3CaO \cdot Al_2O_3$） 铝酸三钙

C-F-H（$CaO \cdot Fe_2O_3 \cdot H_2O$） 水化铁酸一钙

C-A-H（$xCaO \cdot Al_2O_3 \cdot yH_2O$） 水化铝酸钙

C-S-H（$xCaO \cdot SiO_2 \cdot yH_2O$） 水化硅酸钙

DTA-TG（differential thermal analysis -thermogravimetric） 热重分析-差热分析法

ESEM-EDAX（environment scanning electron microscope-energy dispersive X-ray analysis）
带能谱分析的环境扫描电镜

FA（fly ash） 粉煤灰

F'S（$C_3A \cdot CaCl_2 \cdot 10H_2O$） 菲德尔盐

HSC（high strength concrete） 高强混凝土

HPC（high performance concrete） 高性能混凝土

IR（infrared radiation） 红外光谱法

NMR（nuclear magnetic resonance） 核磁共振

OPC（ordinary Portland cement concrete） 普通混凝土

SEM（scanning electron microscope） 扫描电子显微镜

THa（$CaCO_3 \cdot CaSO_4 \cdot CaSiO_3 \cdot 15H_2O$） 硅灰石膏/碳硫硅钙石

XRD （X-ray diffractometer） X 射线衍射分析

目 录

1 概　述

1.1　研究背景、目的与意义

"沙漠化"是全球最严重的环境恶化问题[1-2]，主要分布于亚洲、非洲、拉丁美洲等全球发展中国家和地区，即非洲北部、阿拉伯半岛、印度河下游、澳大利亚、南非、亚洲中部、中美洲和南美洲等地，绝大多数位于南纬23.5°和北纬23.5°附近[3]。根据联合国《防治沙漠化公约》统计，目前世界上沙漠的面积为1535万平方千米，约占世界陆地面积的1/10，全球沙漠化土地面积4560万平方千米，约占地球陆地面积的1/3，撒哈拉沙漠是世界上最大的沙漠，面积约为860万平方千米，位于非洲北部。沙漠化正以每年约6万平方千米的速度在肆虐地球陆地，沙漠的不断扩张，已严重威胁人类的生存。

我国分布有众多的沙漠和沙地，著名的八大沙漠和四大沙地[4-7]，包括塔克拉玛干沙漠（33.76万平方千米，位于塔里木盆地中心，东西长约1000 km，南北宽约400 km，仅次于非洲撒哈拉大沙漠，是世界第二大沙漠）、古尔班通古特沙漠（位于准噶尔盆地的中央，4.88万平方千米）、巴丹吉林沙漠（4.7万平方千米，位于内蒙古自治区阿拉善右旗北部，是我国第三、世界第四大沙漠）、腾格里沙漠（4.27万平方千米）、柴达木沙漠（3.49万平方千米）、库姆达格沙漠（1.95万平方千米）、乌兰布和沙漠（1.15万平方千米）、库布齐沙漠（1.86万平方千米）、科尔沁沙地（5.06万平方千米）、毛乌素沙地（3.21万平方千米）、浑善达克沙地（2.38万平方千米）、呼伦贝尔沙地（1.0万平方千米），如图1-1所示。我国现有沙漠化土地33.4万平方千米，风沙化土地3.7万平方千米，加上沙漠戈壁116.2万平方千米，共153.3万平方千米，占国土总面积的15.9%，已超过全国耕地的总和。这些沙漠和沙地主要分布在我国北纬37°～42°之间，即位于干旱-半干旱地区的新疆、甘肃、青海、宁夏、陕西、内蒙古、山西、河北、辽宁、吉林、黑龙江等12省区。全国的沙漠化地区中，新疆约占60%、内蒙古约占30%、青海占5.3%、甘肃约占2.7%、陕西约占1.5%、宁夏占0.6%，从数据上明显可以看出沙漠主要集中在我国西北地区。

沙漠和沙地的组成——风积沙，风积沙形成的原因一般是：一定的风速使沙源地的沙子开始流动，随着风向流动或搬迁，被搬移到大片平原地区或低洼地区堆积起来形成沙丘、沙地、沙堆和沙垄。沙漠形成的主要因素就是干旱和风，再

图 1-1 中国沙漠和沙地

a—塔克拉玛干沙漠；b—腾格里沙漠；c—乌兰布和沙漠；

d—库布齐沙漠；e—毛乌素沙地；f—浑善达克沙地

加上滥采滥伐，破坏草原、森林和植被，令土地表面失去了植物的覆盖，沙漠便因此而形成，又经过漫长的地质历史时期的演化才形成今日沙波浩渺的沙漠景观。风积沙是一种风积成因的砂类土，是在干旱、半干旱地区气候条件下形成的一种特殊的地质材料。相比其他成因的砂类土，风积沙组成颗粒较细而且均匀，属于特细砂范畴，具有粉黏粒含量低、含水率低等特殊工程性质。过去在沙漠腹地与靠近沙漠地区工程建设不多，积累的经验不够，而且以风积沙作为筑路、筑堤、筑坝和建筑地基土体材料相关方面的规范也非常稀少，因此，对工程设计和施工而言缺少可供借鉴的经验与资料。但是，随着我国社会和经济的快速发展，很多公路、铁路与水利工程设施需要穿过沙漠地区，这就要求工程师们深入工程实际，详细了解不同地区风积沙材料的工程性质，不断总结积累工程经验，为风积沙地区的工程提供理论指导。

自 1824 年 10 月 21 日，英国利兹（Leeds）城的泥水匠阿斯谱丁（J. Aspdin）获得英国第 5022 号"波特兰水泥"专利证书，水泥为建筑工程的发展提供了物质基础，使其由陆地工程发展到水中、地下工程。水泥发明至今已有近两百年的历史，它始终是用途最广、用量最多的一种胶凝材料。而在众多使用水泥作为胶凝材料的复合材料中，混凝土因为性能优越被作为最主要的建筑材料并大量使用，不仅在各种建筑工程中使用，在公路、桥梁、水利、港口、工业厂房、海洋开发、地热工程等应用也非常广泛。

据统计，2014 年全世界一年的混凝土使用量大约在 100 亿吨，我国混凝土的用量约占全世界混凝土总使用量的 60% 以上，而且呈逐年上升趋势。随着混凝土使用量的逐年增加，混凝土原材料匮乏作为一个非常严肃的社会问题已凸显。例如，河砂作为混凝土必不可少的原材料，在我国中、粗砂资源分布严重不均，无论从储量、可持续发展和成本的角度来看，已越来越不能满足当代混凝土建设规模的需要。而长江沿线各省建筑用砂中江砂占了不小的比例，现在长江限制采砂，使得江砂资源短缺的矛盾日益突出。从外地运砂，运费又太高，所以必须寻找适宜的砂替代材料。国内部分地区相继出现了以山砂（自然山砂）、石屑（采石场在加工碎石过程中产生的副产物）和机制砂（专门以岩石经破碎、筛分生产）等替代天然河砂，在实际工程应用中取得了较好的经济效益，但是使用山砂、石屑和机制砂会破坏环境。四川、河南、广东、广西、山东、长江中下游地区含有丰富的特细砂资源，而东北、华北、西北有储量非常丰富的风积沙资源，在倡导"因地制宜、就地取材"的今天，合理开发并有效利用当地的特细砂资源，将其大量应用于工程实际中，不仅有利于遏制荒漠化、减少荒漠化损失，还有利于环境保护，促进人与自然的和谐发展，减少工程用中、粗砂的采集与运输成本，降低工程造价。因此，今后我国如何解决就地取材，节约资源、提高经济效益和社会效益已经成为混凝土使用过程中亟待解决的问题。

纵观国内外混凝土科学与技术的发展历程[8-10]，国际上一些重大基础工程项目的耐久性和服役寿命过早衰减和失效已引起国内外混凝土科学与工程界的密切关注，如何保证、预测混凝土结构的耐久性和服役寿命已是世界性难题。目前，许多重大混凝土结构工程的耐久性与寿命预测已被列在最重要的地位。例如，杭州湾跨海大桥在建设过程中专门设立了大桥结构混凝土耐久性与寿命预测专项研究课题，要求大桥设计使用寿命 120 年；耗资 700 亿元，历时 6 年建成的港珠澳大桥设计寿命为 120 年；青岛海湾大桥为世界第一跨海大桥，设计寿命 100 年；东海大桥设计寿命 100 年；世界上跨度最大的悬索桥——明石海峡大桥设计使用寿命 100 年；中国润扬长江公路大桥设计使用寿命 100 年。当然，上面列举的这些著名桥梁的混凝土结构设计使用寿命期是指在规定寿命内不允许出现因混凝土结构耐久性降低而影响结构承载力的现象，但允许正常维护。

在特殊环境下，混凝土的耐久性问题一直困扰和影响其正常使用。近几十年，在实际使用环境条件下，全世界每年因混凝土耐久性不足导致混凝土结构的实际服役寿命达不到设计要求而提前破坏的案例不胜枚举，造成的社会经济损失和影响十分巨大。现在发达国家每年因混凝土结构物耐久性不足而进行维修和重建的费用几乎是工程造价的数倍之多[11-14]，混凝土经历的各种破坏如图 1-2 所示。

我国现役钢筋混凝土结构工程的耐久性问题同发达国家一样也非常严重，大

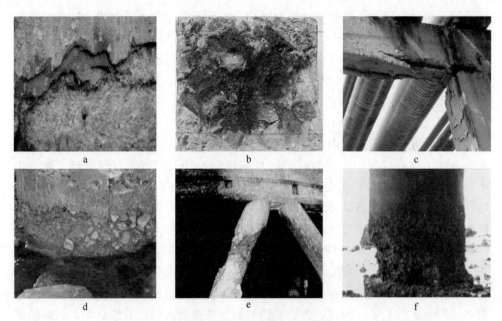

图 1-2　混凝土经历的各种破坏
a—表层剥落；b—碳化；c—开裂；d—冻胀破坏；e—钢筋锈蚀；f—海水腐蚀

多数混凝土建筑物或构筑物在环境恶劣条件下使用期限普遍不足 20 年，比如北京西直门立交桥建成不到 20 年就由于经历耐久性破坏不得不提前拆除，图 1-3 所示。据数据统计，我国现役的混凝土建筑物约有 50% 需要进行鉴定和加固，处于严寒和寒冷地区、沿海地区、常年风沙吹蚀地区和盐碱地区的建筑物，混凝土的耐久性受到严重威胁。据文献 [15]，中国西北、华北地区的几大沙漠，像腾格里沙漠、塔克拉玛干沙漠和巴丹吉林沙漠等都有可溶盐，在沙漠中可溶盐浓度在 0.14‰~1.32‰，pH 值范围介于 8.4~9.6，呈碱性的主要原因是由于碳酸盐、硫酸盐和氯盐的存在。因此，中国"三北"地区沙漠中混凝土建筑物的服役环境可能有冻融、盐腐蚀、风蚀、干湿交替等一种或几种因素共同作用，如何保证混凝土结构在复杂因素作用下具有较好的耐久性，提高材料抗复杂损伤因素作用的能力，是有关我国西北地区混凝土工程快速发展的理论难题。

　　当前，适逢西部大开发和"一带一路"发展战略的关键时期，特别是西北部地区众多投资巨大、关系国计民生和具有战略意义的国家级重点工程，如大型油田工程、青藏铁路二期工程、引黄灌溉工程、西气东送工程、西部高速公路网工程、化工工业、输电配电工程、通讯设施工程和航空工程等，一系列省级和国家级工程正在兴建和规划当中，相当一部分是位于沙漠腹地或穿过沙漠地区，这些项目的设计使用寿命都在 100 年以上。如何确保这些重大项目在实施过程中既能就地取材、不破坏当地环境，节约资源、还能保证混凝土的耐久性能并延长其

图 1-3　拆除前的北京西直门立交桥

使用寿命，不仅关系到这些重大工程项目能否顺利实施，也关系和影响我国混凝土行业健康、有序、快速发展的重大科技问题。由此可见，地处寒冷、盐腐蚀环境、风沙大的沙漠、沙地地区混凝土工程的原材料和耐久性问题是当前中国西部开发、发展战略过程中亟待要解决的基础理论研究课题，对风积沙混凝土（aeolian sand concrete，ASC）在上述地区的推广应用具有非常重要的现实意义和深远的社会影响。本书依托国家自然科技基金"风蚀区冻融-盐蚀作用下风积沙混凝土耐久性响应机制研究"（51769025），国家自然科技基金"寒区渠床冻胀与浮石混凝土衬砌冻融耦合的耐久性机理研究"（51569021），内蒙古高等学校自然科学基金"风积沙混凝土在复杂环境下的耐久性能研究与寿命预测"（NJZY17490）、"西部盐渍区冻融-干湿耦合作用下风积沙混凝土的损伤机理研究"（NJZY21366）和内蒙古高校基本科研业务费项目（支持科技领军人才和创新团队建设）开展研究工作，旨在研究复杂环境下 ASC 的耐久性能、损伤规律与损伤机理，为 ASC 的耐久性设计与寿命预测模型的建立提供指导。

1.2　国内外混凝土工程研究与应用现状

1.2.1　风积沙的应用与研究现状

美国国家高速公路和交通运输管理协会系列标准 American Association of State Highway and Transportation Officials（简称 AASHTO 系列标准）对土壤进行分类，颗粒粒径小于 0.074 mm 且含量小于 35% 的 A-3 组为细砂，比如沙漠沙、海滩沙以及河流冲刷造成的不良级配的沙，这在我国相当于特细砂。

近年来，随着国内外在沙漠地区混凝土工程建设的快速发展，许多工程技术人员、专业研究人员结合工程建设实际需要，针对不同工程项目的性质和技术要求，对风积沙的力学性质、物理化学性质、湿陷性、冻胀性、渗透性、击实特征和稳定性等工程性质进行了大量试验和深入研究[16-18]，取得了丰硕成果。我国西部公路网建设工程和青藏铁路二期工程都采用风积沙作为路基，取得了不错的效果。在中国西北，像新疆、西藏、青海、宁夏、内蒙古很多地区都有用风积沙作为建筑物的地基土体、输水渠道开挖段的渠底地基土体和公路开挖段的路基土体的工程案例。作为一种填筑材料，应用在公路路基填筑、输水渠道的渠堤填筑等，从目前已知的公路工程的检测指标和实际运用情况看，各项性能稳定，可完全满足设计要求。

1.2.2　风积沙混凝土的应用与研究现状

1.2.2.1　风积沙混凝土（ASC）的工程应用现状

早在 1965 年，国家建筑工程部（住建部前身）就颁布了《特细砂混凝土配制及应用规程》（BJG 19—65）[19]，这是我国正式颁布的第一个关于用特细砂制备混凝土的技术规范。该规范对于特细砂混凝土的推广应用起到了重要的指导作用，但在 20 世纪 60 年代由于我国基础设施建设刚刚起步，步伐缓慢，所以特细砂混凝土的工程应用和研究一直没有得到重视与大范围推广使用。目前，由于新的水泥标准的颁布，原规程中牵涉到的水泥条文已经作废，因此规范在试验或研究过程中只能作为参考。

特细砂混凝土在我国桥梁和水利水电工程建设中已经有了广泛的应用。比如，1921 年建成的位于洛阳的洛河天津桥、1935 年建成的重庆地区大溪沟火力发电站等都是采用了特细砂拌制的混凝土[20]。地处嘉陵江中游的东西关水电站，这个地区并没有中、细砂，但特细砂储量极为丰富，为了提高和改善特细砂混凝土的工程性能，当地科研、技术人员进行了大量的试验研究，经过多方面研究论证，所使用的特细砂混凝土无论从外观、和易性和力学性能等方面都能满足工程要求[21]。

研究采用沙漠沙替代工程用中、粗砂作为基础工程材料，在建筑工程材料领域已经取得不错的成绩。1985 年黄河北岸的孟州地区就利用当地沙漠沙充当细骨料代替普通河砂进行混凝土条形基础的施工[21]；1993 年新疆石油公司研究院以工程中的中、粗砂作为研究对象，考虑用当地的塔克拉玛干沙漠沙替代工程常规施工用中、粗砂加以研究并应用在工程中[22]；在 2001 年，宁夏固原车站成为当地最早采用沙漠沙进行混凝土工程建设的标志[23]；重庆—长寿高速公路的外环路段的混凝土路面就是使用特细砂混凝土，借助滑模摊铺特细砂水泥混凝土技术[24-25]进行路面施工，这在当时起到了很好的示范效应；这一举动开发了特细砂混凝土的路用性能，中西部很多地方已经开始使用风积沙作为原材料制作的透水砖、路面砖等路面材料；中国在援建孟加拉国的马哈南达公路桥[26-27]中也使用了特细砂混凝土，仅仅就特细砂替代中粗砂这一项技术，平均每立方米混凝土节省了 8.5 美元，采用当地特细砂资源制备的特细砂混凝土节约了资金 18505 美元；

2008 年，中国石油工程技术研究院的许海彬选用塔克拉玛干沙漠沙，按照设定的砂率为 22.0%~26.0%、单位水泥用量为 320~410 kg/m³ 配制沙漠沙混凝土，并在相同配合比条件下用该沙漠沙制备出具有耐腐蚀性能的塑性混凝土[28]；在塔克拉玛干沙漠中的油田工程中，朱腾明等人[29]利用沙漠沙取代普通河砂配制出了砂浆和混凝土，并使之应用于工程中，获得了很好的经济效益；近些年，在撒哈拉沙漠地区位于毛里塔尼亚第二大城市的努瓦迪布区域修建的大型码头项目，就使用沙漠沙部分替代河砂配制出强度等级为 C50 的混凝土[30]；宋旭辉等人[31]成功利用沙漠沙配制泡沫混凝土并应用到保温隔热材料中。

1.2.2.2 ASC 的研究现状

国内外的部分学者，多年来针对特细砂混凝土进行了许多专门研究，取得了一定的成果。早在 1995 年，C. Hua 和 X. Gruz 等人[32]，就开始研究特细砂混凝土板的制造工艺，通过在特细砂拌合物中加入合适的添加材料，得到了良好的"成本/强度"比；国外 Tien-Tung Ngo，El-Hadj Kadri 等人[33]，通过研究特细砂体积所占混凝土比例对拌合物性能的影响关系，从而达到了优化特细砂混凝土泵送性能的目的。

陈志飞等人[30]研究用沙漠沙部分替代机制砂并配制出 C50 混凝土，结果表明：28 d 抗压强度平均值达 62.2 MPa，最大抗压强度 70.1 MPa，混凝土具有强度高、黏聚性好、不离析的性能，可完全满足中国及欧洲规范要求；王娜等人[34]做了撒哈拉沙漠沙高强度混凝土的配合比设计与研究，结果表明：试验中未添加任何外掺料，在此条件下配制出的 C50 沙漠沙混凝土可完全满足 30.5 m 大跨度预应力 T 梁的施工要求；张国学、宋建夏等人[35-36]分别研究了沙漠沙对砂浆和混凝土的性能影响、沙漠沙混凝土强度计算公式的确定和掺粉煤灰对沙漠沙混凝土力学性能的影响等，结果表明：沙漠沙与沙地沙可以作为工程用砂，在土木工程中充当混凝土细骨料或用来拌制抹面砂浆，并且统计分析得出特细砂混凝土强度计算公式，可以为特细砂混凝土的制备及实际强度计算提供指导；刘娟红等人[37]专门针对沙漠沙混凝土的力学与工作性能进行了试验研究，结果表明：沙漠沙与粗机制砂按一定比例混合后，砂的颗粒级配得到良好改善，混合砂制备的混凝土工作性能较好，28 d 抗压强度比利用粗机制砂配制的混凝土高 3~5 MPa，抗氯离子与抗碳化性能均优于粗机制砂配制的混凝土；许海彬[28]针对塔里木沙漠地下水中 Cl^-、SO_4^{2-}、HCO_3^-、Na^+、K^+、Ca^{2+}、Mg^{2+} 的腐蚀介质环境，对 ASC 的配制与性能进行了研究，并提出防腐蚀措施，结果表明：使用活性混合掺合料及适当的水泥品种可显著提高沙漠沙混凝土的防腐蚀性能；董伟等人[38]做了不同风积沙掺量对砂浆流动度和强度的研究，结果表明：风积沙掺量为 20%时，ASC 可获得最佳的工作、力学性能；陈美美等人[39]做了掺粉煤灰的沙漠沙混凝土力学性能研究，结果表明：当水胶比为 0.4、砂率 32%、沙漠沙替代率25%、粉煤灰掺量15%时，配制出的沙漠沙混凝土可获得较好的力学与工作性能。

1.2.3 混凝土耐久性损伤失效研究现状

研究混凝土的耐久性能本质上就是研究混凝土在力学因素、环境因素或力学与环境耦合因素作用下的损伤失效过程，损伤规律的准确描述及损伤模型的建立可为混凝土耐久性设计及使用寿命的预测提供理论依据。

1.2.3.1 冻融导致混凝土失效研究

混凝土的抗冻性是衡量耐久性能的一个重要指标，研究人员在冻融破坏与失效机理方面进行了大量的研究，形成了一系列经典理论与假说。

（1）静水压假说。Powers 于 1945 年提出了静水压假说[40-41]，即混凝土的冻害是由混凝土内部孔隙水结冰时膨胀产生静水压力造成的。水结冰体积膨胀约9%，如果毛细孔中含水率超过某一临界值时，则孔隙中的未冻水被迫向外迁移；由达西定律可知，水流移动会产生静水压力，作用于水泥石造成冻害。此压力大小取决于毛细孔的含水率、冻结速率、水迁移路径长度、水泥石渗透性和气孔间距等，1949 年 Powers 从理论上定量地确定了静水压力的大小。

水泥石或集料中的毛细孔由于毛细作用，在潮湿环境中极易达到饱和，水在负温下可结冰。如图 1-4 所示，当温度下降到冰点时，大孔隙中的水最先开始冻结，随着温度的降低，孔径较小孔中的水也逐渐结冰，结冰水量逐渐增大。水结冰后体积膨胀，若孔隙含水量过高，则有可能发生部分未冻水被迫迁移和水泥石膨胀。如果结冰膨胀部分的体积超过水泥石的变形能力，水泥石或集料就会产生破坏。

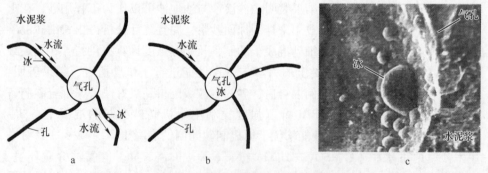

图 1-4　气孔结冰对水泥浆体的影响

a—毛细孔结冰；b—气孔结冰；c—气孔中冰晶生长的显微照片

（2）渗透压假说。静水压假说的提出很好地解释了混凝土的冻害机理，在当时得到了很多学者的支持，但是无法解释混凝土引气浆体在冻结过程中产生的收缩现象、非引气浆体在温度保持不变时的连续膨胀现象等。1975 年，Powers 和 Helmuth 等人[42]又发展了渗透压理论。

渗透压理论认为，水泥石由硬化的水泥凝胶体和大孔、毛细孔和凝胶孔组成，这些孔内含有碱性溶液。当温度下降时，大孔先结冰，冰晶体的形成使孔隙溶液中未冻水溶液浓度上升，与小孔内未冻水溶液形成浓度差，水与碱性物质开始向各自浓度较低的部位渗透，大孔内水增加，产生渗透压。渗透压和静水压的最大不同之处就在于未冻水的移动方向，静水压假说认为结冰孔内的未冻水向其他小孔和毛细孔移动，而渗透压理论则认为未冻水由毛细孔、小孔向结冰大孔移动。

（3）盐结晶压。美国的 Scherer[43-44]和英国的 Bresme[45]认为，混凝土暴露在盐溶液环境下，当孔隙水结冰时，孔隙内部由于盐溶液浓度过高会结晶析出产生压力，导致混凝土开裂。

（4）临界饱水度。1977 年 Fagerlund[46-47]首次提出了临界饱水度假说，该假说认为多孔材料存在一个临界的孔隙水饱和度值，若孔隙水超过这一临界值，材料即使经历较少的冻融循环次数也会产生裂纹或者破坏。

（5）冰的分离层假说[48]。在 1944 年，Collins 基于动土的研究提出了冰的离析成层理论。该理论认为混凝土的冻融破坏本质是由于混凝土由外到内孔隙水分层结冰，冰晶体积增大而形成一系列平行的冰冻薄层，最终造成混凝土呈层状、剥离状破坏，但是这种理论不适用于孔隙率和渗透性都低的混凝土。

（6）充水系数假说[49]。一些学者提出充水系数理论，充水系数即混凝土中毛细孔中水的体积与孔体积之比，认为混凝土是否发生冰冻破坏，关键取决于混凝土的充水系数；当充水系数大于 0.92 时，混凝土就可能发生冰冻破坏。

（7）温度应力假说[50]。温度应力假说主要针对高强、高性能或大体积混凝土，认为高强、高性能和大体积混凝土破坏主要是因为骨料与胶凝材料两者之间热膨胀系数存在较大差异，导致在温度急剧变化过程中混凝土变形量相差较大，从而因温度疲劳应力产生破坏。

1.2.3.2 干湿导致混凝土损伤失效研究

水分传输会导致混凝土内部产生应力响应，也会间接起到搬运腐蚀性离子的作用。最早关于混凝土水分传输方面的研究主要集中在单次干燥或者湿润，但是很多混凝土结构实际上处在一种干湿交替的环境下，因此目前研究人员主要采用干湿交替作用模拟分析混凝土的水分传输机理。

对于干湿交替条件下的研究，乔宏霞等人[51]分别在饮用水和硫酸盐溶液中对普通混凝土和粉煤灰混凝土进行干湿循环试验，研究表明：在不同的环境介质中经历干湿循环后相对动弹性模量均不同程度下降，说明干湿循环作用导致混凝土出现损伤。陈伟[52]在修正 Fick 第二定律的基础上提出了在干湿交替条件下计算毛细管影响氯离子传输深度的方法,林刚[53]采取不同的湿度扩散系数对干湿交替下混凝土的氯离子传输进行了数值模拟,金伟良等人[54]以混凝土湿润-干燥时间比、孔隙初始饱和度和表层混凝土饱和度为变量研究了氯离子在不饱和混凝土中的对流扩散,李春秋[55]采取数值计算和试验研究了干湿交替下混凝土的氯离子传输,曹卫群[56]研究了干湿交替环境下混凝土的氯离子侵蚀与耐久性防护,上述研究结果表明:干湿交替作用下混凝土中的水分传输对氯离子传输有重要影响,对流作用是表层混凝土中氯离子的主要传输方式。

1.2.3.3　硫酸盐导致混凝土损伤失效研究

在自然界中,沿海地区、盐湖地区广泛存在 SO_4^{2-},部分地区的地下水和土壤中也富含硫酸盐,硫酸盐侵蚀是威胁混凝土耐久性的一个重要因素,对混凝土硫酸盐侵蚀相关研究已经超过 100 年历史[57-58],国内外研究学者针对外掺料、混凝土强度、水泥组分、温度、硫酸盐浓度等对混凝土抗硫酸盐腐蚀性能的影响作了许多深入的研究。1925 年,美国混凝土协会和联邦德国钢筋混凝土协会分别在硫酸盐含量极高的土壤内和自然条件下对硫酸盐腐蚀情况进行了长期试验[9],得到的结论是:SO_4^{2-} 通过渗透进入混凝土中,会发生物理或化学反应,导致混凝土性能逐渐退化,直至破坏。

A　化学侵蚀机理

水泥水化的主要产物是水化硅酸钙(C-S-H)、氢氧化钙(C-H),水化铝酸钙(C-A-H)、钙矾石(AFt)和单硫型水化硫铝酸钙(AFm),但是其中有几种水化产物在硫酸盐环境中并不能稳定存在,会与硫酸盐结合生成不同的化学侵蚀产物。

(1)石膏侵蚀型[59-60]。石膏的生成,一方面使固体相体积增加 124%,引起混凝土膨胀开裂;另外,消耗了 C-H。C-H 是 C-S-H 等水化产物稳定存在的基础,导致混凝土内部水化反应不彻底,影响混凝土的强度和耐久性;而且混凝土若处于干湿交替环境,石膏结晶也引起混凝土的破坏。

(2)钙矾石侵蚀型[61]。钙矾石的溶解度很小,结合了大量的结晶水,反应后固体相体积增加 94%,引起混凝土膨胀、开裂和解体。钙矾石的生长过程与液相碱度有关,碱度低时形成的钙矾石为板条状晶体,一般不会引起有害的膨胀;当碱度较高时会形成针状或片状晶体,这类钙矾石的吸附能力较强,可产生较大的吸水膨胀作用。

(3)镁盐侵蚀[62]。由于反应消耗大量的 C-H,同时将 C-H 转化为 $Mg(OH)_2$,$Mg(OH)_2$ 是没有胶结能力的松散物,溶解度很低,强度不高。随着反应生成的石膏和钙矾石越来越多,产生膨胀使表面出现裂缝,进而为 Mg^{2+} 和 SO_4^{2-} 进一步入侵形成通道。反应造成溶液 pH 值下降,水泥石中的主要强度成分 C-S-H 凝胶体分解成胶结能力较差的硅胶或者进一步转化为 M-S-H，从而导致混凝土强度损失，界面黏结性能下降，在实际工程中如果混凝土结构经历严重的硫酸镁侵蚀可能会完全失去胶结性能。

（4）碳硫硅钙石（硅灰石膏 THa）侵蚀[63-64]。一般认为碳硫硅钙石的化学式为 $CaCO_3 \cdot CaSO_4 \cdot CaSiO_3 \cdot 15H_2O$，结构式表示为 $Ca_6[Si(OH)_6]_2(SO_4)_2 \cdot (CO_3)_2 \cdot 24H_2O$，形成机理有两种：由溶液中硫酸盐、碳酸盐和水化产物反应生成，或者直接由钙矾石转变而成。

钙矾石转变机理认为：C-S-H 凝胶中的 Si^{4+} 取代了钙矾石中的 Al^{3+}，溶液中的 $[SO_4^{2-}+CO_3^{2-}]$ 取代了 $[SO_4^{2-}+H_2O]$，这样就形成了碳硫硅钙石。而 Al^{3+} 重新进入混凝土孔隙溶液中，形成新的钙矾石，新形成的钙矾石又重复以上过程转变为碳硫硅钙石。

其中，碳硫硅钙石溶解度很小，在低温下几乎不溶解，而 C-S-H 凝胶的溶解度比碳硫硅钙石高。因此碳硫硅钙石生成越多，C-S-H 凝胶溶解得越多，只要孔隙溶液中存在足够的 SO_4^{2-} 和 CO_3^{2-}，且 pH 值高于 10.5，反应就不断进行。

关于各种腐蚀产物对混凝土的破坏作用目前仍然存在很多争议，石膏是否会导致混凝土胀裂破坏，但是石膏的生成取决于硫酸盐溶液的浓度和 pH 值。生成钙矾石是混凝土硫酸盐侵蚀的主要破坏机理[65-66]，外界土壤、水等环境中的硫酸根离子由于盐浓度差通过扩散、渗透等方式进入混凝土，与混凝土中的水化产物反应生成钙矾石。但是，当硫酸盐溶液的 pH 值小于 12 时，钙矾石会分解为石膏，因此钙矾石的生成也受到硫酸盐溶液的 pH 值影响。

B　物理侵蚀机理[67]

关于混凝土由硫酸盐引起的物理侵蚀机理主要有盐结晶压理论、固相体积变化理论与结晶水压力理论。盐结晶理论认为，由于多孔材料孔隙内部盐溶液过饱和而不断结晶进而对孔壁产生压力；固相体积变化理论主要适用于解释混凝土孔隙中无水硫酸钠晶体与十水硫酸钠晶体互相转化，或无水硫酸钙晶体与二水硫酸钙晶体的互相转化过程中，晶体体积增长，硫酸盐引起物理侵蚀破坏；结晶水压力理论是在三个假设条件基础上提出来的：外界环境相对湿度高于两种结晶盐之间转换时的平衡湿度、孔隙中的盐与外界环境相接触、孔隙中的盐不再移动，当满足这三个假设条件后，只要外界环境湿度与盐结晶平衡湿度产生偏离，就会改变结晶水合物和无水化合物之间的化学平衡，晶体就对孔壁产生压力。

1.2.3.4　氯离子扩散导致钢筋锈蚀的失效研究

海洋环境、近海及除冰盐环境造成钢筋混凝土结构的钢筋锈蚀主要是由氯离子侵蚀引起的，当混凝土构件内部孔隙溶液中的氯离子浓度超过一定值时，由于钢筋周围氯离子的穿透力极强，氯离子容易渗入并破坏钝化膜，造成钢筋生锈。

正是由于水泥水化形成的高碱性环境（pH > 12.5），才使钢筋周边的

Fe(OH)$_2$ 被氧化成 γ 型氢氧化铁，形成一层致密的钝化膜[13,68]。很多研究表明，该钝化膜内部含有非常稳定的 Si—O 键，对钢筋有很强的保护作用，因此在正常情况下混凝土中的钢筋不容易被腐蚀。

在高碱性环境中该钝化膜是稳定的，但是氯离子的存在使混凝土内部的 pH 值降低，当 pH 值小于 11.5 时钝化膜存在状态变得不稳定，当 pH 值小于 9.8 时钝化膜生成困难且已经生成的开始逐渐破坏。由于混凝土的非均质性，氯离子对钢筋表面钝化膜的破坏表现为局部破坏，导致这些部位铁基体暴露，钝化膜与铁基体形成电位差。混凝土中氯离子形成了钢筋表面的腐蚀电池，明显加速了电池的作用速度，进一步强化了离子进入通道，降低了阴阳极之间的电阻，提高了腐蚀电池的效率。

$$Fe^{2+} + 2Cl^- + 4H_2O \longrightarrow FeCl_2 \cdot 4H_2O \tag{1-1}$$

$$FeCl_2 \cdot 4H_2O + 2OH^- \longrightarrow Fe(OH)_2 + 2Cl^- + 4H^+ + 2H_2O \tag{1-2}$$

$$4Fe(OH)_2 + O_2 + 2H_2O \longrightarrow 4Fe(OH)_3 \tag{1-3}$$

$$Fe(OH)_3 \longrightarrow Fe_2O_3 \cdot nH_2O(铁锈) \tag{1-4}$$

从上面的化学反应方程式可看出，在整个腐蚀过程中，氯离子的存在使混凝土内部的 pH 值降低，本身并不消耗，氯离子量并不降低，仅仅起到了搬运和加速腐蚀的作用。一旦混凝土中的钢筋开始腐蚀，腐蚀产物聚集部位体积膨胀，混凝土保护层开裂，进而造成混凝土顺着钢筋周边开裂破坏、钢筋截面积减小、结构承载能力降低，最终导致混凝土结构破坏。

进入混凝土内部的总氯离子包括自由氯离子与结合氯离子两部分，其中自由氯离子才会真正导致钢筋锈蚀。结合氯离子浓度由化学结合和物理吸附两部分组成[69]，根据查阅大量的文献资料，混凝土中氯离子的吸附与结合主要表现为[70-71]：水泥水化产物 C-S-H 凝胶表面对氯离子的吸附作用和水泥浆体各种孔隙内表面对氯离子的吸附作用，然后吸附在凝胶表面和孔隙表面的氯离子进一步扩散至内部；水化产物 C$_3$AH$_6$、C$_4$AH$_{13}$、AFt 与部分 AFm 与氯盐发生化学结合形成 C$_3$A · CaCl$_2$ · 10H$_2$O（菲德尔盐 Friedels，简称 F′S）；部分水化产物 C-H 与 NaCl、CaCl$_2$ 或者 MgCl$_2$ 发生化学结合形成含有 CaCl$_2$ 的配合物 Ca(OH)$_2$ · CaCl$_2$ · 12H$_2$O。因此，研究氯离子结合规律有助于理解氯离子对混凝土的侵蚀机理。

1.2.3.5　多因素耦合作用下导致混凝土损伤失效研究

Feldman 等人[72]研究了混凝土浸泡在硫酸盐和氯盐复合溶液中 1 年，结果表明：氯离子扩散系数随时间增加而降低，并且小于单一氯盐环境下的扩散系数；Tumidajski 等人[73]使用矿渣混凝土与普通混凝土浸泡到单盐、复合盐溶液中 5 年，测定氯离子扩散深度，结果表明：普通混凝土在复合溶液中的氯离子扩散深度比单盐中低，单矿渣混凝土反之；Dehwah 等人[74]使用 3 种不用类型的水泥配制混凝土，浸泡到不同浓度硫酸盐（硫酸钠和硫酸镁）+氯盐的复合溶液中，研究钢筋腐蚀速度，结果表明：硫酸根离子浓度和阳离子类型并不影响钢筋初始锈蚀时间，但随着浸泡时间增加腐蚀速度增加，且随着硫酸根离子浓度增加而增加；Omar等人[75]采用不同水灰比、不同铝酸钙含量的水泥，掺加粉煤灰、硅灰和矿渣配制砂浆试件，浸泡到硫酸盐溶液中和硫酸盐+氯盐的复合溶液中，研究混凝土强度衰减与体积变化，结果表明：氯离子的存在延缓了混凝土在硫酸盐环境中的损伤，铝酸钙含量不影响硫酸盐损伤速度，粉煤灰的抗硫酸盐损伤能力明显优于矿渣和硅灰，水灰比提高了混凝土的抗损伤能力。

苏联学者在20世纪50年代就对在应力状态下的混凝土抗腐蚀性能作了一定的研究[76]。针对压载-腐蚀双重因素作用下混凝土的损伤，Mitsuru Satio等人[77]对混凝土施加静荷载、循环荷载后，用电通量法测定氯离子的渗透性能，结果表明：静荷载加载量对氯离子的渗透影响较小；Klaus-Christian Werner等人[78]用高铝水泥、高硫水泥和纯C_3S配制水泥净浆，使用三点加载并同时将加载试件浸泡到盐溶液中，以此研究弯曲荷载-腐蚀双重因素作用下的混凝土损伤，结果表明：在硫酸钠和硝酸铵溶液中荷载并没有出现加速盐腐蚀的作用，但在硫酸铵溶液中荷载对盐加速腐蚀的作用明显；U. Schneider等人[79]对高强混凝土、普通混凝土使用四点加载方式研究弯曲荷载-腐蚀作用下的损伤变化，结果表明：混凝土的水化程度和应力水平对混凝土的硫酸盐腐蚀影响较大，对于水化已经完成的混凝土，施加任何级别的弯曲荷载都会显著地影响硫酸盐对混凝土的腐蚀；河海大学的姜国庆[80]研究了荷载作用下的硫酸盐腐蚀，结果表明：在荷载作用下劣化了混凝土的抵抗硫酸盐的性能；东南大学的孙伟院士等人[70,81-85]研究了混凝土在弯曲荷载-冻融、弯曲荷载-腐蚀、弯曲荷载-碱骨料反应、弯曲荷载-碳化反应等混凝土损伤过程，结果表明：弯曲应力加速混凝土冻融循环过程中的损伤速度，施加30%~40%弯曲荷载降低了混凝土的抗压腐蚀系数，提高了混凝土碱硅反应速度，显著劣化了混凝土的抗碳化性能；燕坤等人[86]研究了快速碳化28 d的普通混凝土（OPC）、大掺量矿物掺合料混凝土（HCMC）和绿色高耐久性混凝土（GHDC）在硫酸盐、氯盐和镁盐的化学腐蚀作用、弯曲荷载作用及其耦合作用下的抗冻性，结果表明：碳化作用明显降低了HCMC的抗冻性，降低幅度达56%，而且在弯曲荷载、$MgSO_4$化学腐蚀及$MgSO_4$化学腐蚀+弯曲荷载的耦合作用下都不同程度地降低了OPC、HCMC碳化后的抗冻性，但是碳化作用对GHDC的抗冻性没有明显影响，即使GHDC出现严重碳化反应，在弯曲荷载、$MgSO_4$化学腐蚀及$MgSO_4$化学腐蚀+弯曲荷载的耦合作用下仍然具有较高的耐久性。

对于三因素复合因素作用下的研究，慕儒[81]研究了在弯曲荷载+冻融+腐蚀耦合下的混凝土损伤，结果表明：引起混凝土损伤的动力是冻融循环作用，在三因素同时作用下，加速了混凝土损伤失效过程；黄鹏飞等人[87-88]进行了盐腐蚀+

冻融循环、钢筋锈蚀与弯曲应力协同作用下的混凝土损伤研究，并自行设计了一套钢筋混凝土服役期内环境性能评价的试验装置，通过测量损伤演变过程中钢筋混凝土动弹性模量、钢筋应变和混凝土应变的变化，可较好地模拟工程实际中钢筋混凝土梁构件在环境腐蚀与弯曲荷载协同作用下的损伤演变过程，结果表明：普通混凝土和高强混凝土在不同损伤因素协同作用下，损伤规律存在相似性但损伤速率明显不同，多因素协同作用下导致的损伤远大于单因素损伤。王萧萧[89]进行了在冻融+干湿循环+盐渍溶液环境下天然浮石混凝土的损伤失效研究，结果表明：轻骨料混凝土在干湿循环+冻融+盐溶液腐蚀环境下的损伤要比单一或者双重因素下的严重，且采用相对动弹性模量指标来描述损伤程度比较好。

1.2.3.6　混凝土损伤失效的评价参数与测试方法

在定量研究各种因素对混凝土损伤程度及建立损伤模型之前，必须明确选择哪一项评价参数作为判断混凝土完全损伤的指标，评价参数主要有以下5个[13,90]。

A　质量损失率

很多学者都以质量损失率作为表征混凝土在腐蚀、冻融、干湿等损伤程度的变量，质量损失率的表达式为：

$$m_r = \frac{m_0 - m_n}{m_0} \times 100\% \tag{1-5}$$

式中，m_r 为质量损失率，%；m_0 为试验循环前试件的质量，kg；m_n 为 N 次循环后试件的质量，kg。

式（1-5）中，m_r 计算时均采用 3 个试件的平均值作为最终结果，当质量损失率下降到初始值的 5%时，认为试件已经破坏，试验终止。

质量损失率作为混凝土损伤指标可以用来表征混凝土表层有明显剥蚀、脱落现象造成的质量损失，因此，该指标仅适用于表面出现明显损伤的混凝土。

B　强度损失率

强度损失率作为损伤指标又分为抗压强度损失率、抗拉强度损失率和弯折强度损失率，强度损失率的表达式为：

$$f_r = \frac{f_0 - f_n}{f_0} \times 100\% \tag{1-6}$$

式中，f_r 为强度损失率，%；f_0 为试验循环前试件的强度，kN；f_n 为 N 次循环后试件的强度，kN。

C　断裂能损失率

混凝土在外界因素作用下导致其内部出现微裂缝，在微裂缝出现、发展过程中要消耗混凝土的内能，降低了断裂能。断裂能损失率表达式为：

$$G_r = \frac{G_0 - G_n}{G_0} \times 100\% \qquad (1-7)$$

式中，G_r 为断裂能损失率，%；G_0 为试验循环前试件的断裂能，J；G_n 为 N 次循环后试件的断裂能，J。

断裂能的测试过程非常复杂且测试费用较高，因此该指标在表征混凝土损伤模型的研究应用比较少。

D 相对动弹性模量

相对动弹性模量是评定混凝土损伤的重要指标与参数，采用无机非金属超声波检测仪测定声速后计算可得，其公式为：

$$E_r = \frac{E_n}{E_0} \times 100\% = \left(\frac{V_n}{V_0}\right)^2 \times 100\% \qquad (1-8)$$

式中，E_r 为相对动弹性模量，%；E_0 为初始动弹性模量，GPa；V_0 为超声波传播速度，m/s；E_n、V_n 为经 N 次试验循环后的动弹性模量和超声波传播速度。

式（1-8）中的相对动弹性模量取值采用 3 个试件的平均值，当相对动弹模量 E_r 下降至初始值的 60% 时，认为试件已经破坏，试验终止。

E 应变变化

应变能够很好地反映混凝土内部的损伤程度，测试过程简单而且能够实时监测，目前在试验研究与工程应用方面飞速发展。应变测量除了传统的电阻式应变片与振弦式应变片外[91]，还广泛采用光纤传感器，利用光纤传感器对混凝土结构进行应变监测，比传统的电阻式和振弦式应变片更便捷、灵敏准确，现在在工程领域已经受到越来越多科研、技术人员的关注与重视。

1.2.4 混凝土微观孔隙结构研究现状

早在 1987 年吴中伟[92]提出对水泥基复合材料的研究应当从宏观、微观、细观三个层次进行，以宏观为主，再向微观、细观深入。

混凝土的微观结构可以概括为：骨料相、包裹在粗骨料周边厚度为 10～50 μm 的界面过渡区和水化水泥浆体[93]。骨料相主要影响混凝土的弹性模量、密度和尺寸稳定性，骨料的物理性能比如表观密度、孔隙体积、孔径、孔分布、粗骨料的形状、表面构造和强度对混凝土的性能有很大影响。水化水泥浆体包含固相、水分和孔隙，固相主要包括水化硅酸钙（C-S-H，占固相成分的 50%～60%）、氢氧化钙（C-H，占固相成分的 20%～25%，具有独特的六方棱形晶体）、水化硫铝酸钙（AFt，针状棱柱形晶体；AFm，六角形薄片状晶体）和未水化的水泥颗粒；水化水泥浆体中的孔隙主要包括 C-S-H 的层间孔（层间孔径大小为 0.5～2.5 nm）、毛细孔和气孔；水化水泥浆体中的水分主要包括毛细孔水（孔径大于 50 nm 毛细孔中的自由水和孔径在 5～50 nm 毛细孔中的束缚水）、吸附水、层间水和化学结合水，其中吸附水和层间水在干燥时会失去导致混凝土发生收缩。界面过渡区存在于粗骨料颗粒和水化水泥浆体之间，是由水化初期较粗大晶体形成的骨架结构，它比浆体主体有更多的孔隙，骨架间隙最终逐渐被较小的钙矾石和氢氧化钙等晶体填充，因此界面过渡区内存在很多微裂缝。

混凝土的微观、细观结构内容非常丰富，孔隙结构是其中一个重要方面。起初研究人员认为混凝土的宏观性能与其孔隙率直接相关，但是随着深入研究发现，宏观性能不仅与孔隙率有关，还与孔的形状、孔径和孔径分布有关，而且后者与宏观性能建立的模型比仅考虑孔隙率的模型更合理。

对孔隙结构有一个正确的认识并合理分类，才能对孔隙结构与混凝土的宏观性能的关系进行正确分析，目前水泥基复合材料微观结构模型主要有以下几种。

（1）Powers-Brunauer 模型[94-96]。水泥与水初始接触时水泥颗粒四周空间保持充水状态，水泥水化后生成的水化产物填充水泥颗粒内大部分空间及水泥颗粒周边空间，原来水泥颗粒周边充水空间逐渐减小，没有被水化物填充空间为毛细孔，其孔径尺寸一般大于 100 nm。原来水泥颗粒范围内生成的水化物主要以 C-S-H 凝胶为主，结构密实。原来水泥颗粒范围外生成的水化物主要是氢氧化钙和钙矾石晶体，以及少量的 C-S-H 凝胶，结构比较疏松。因此水化物内部存在的孔隙在一个较大范围内变化，通常称之为过渡孔。C-S-H 凝胶内部也存在孔隙，称为凝胶孔，孔径一般为 3~4 nm。

（2）Feldman-Sereda 模型[97-98]。Feldman-Sereda 模型认为凝胶结构在表面与部分水形成氢键，部分水被物理吸附于凝胶结构的表面。当环境相对湿度降低时，被吸附于凝胶结构表面的水进入已经破坏的层状晶体结构中；当环境相对湿度升高时，由于毛细作用，水充入大孔之中。因此，该模型中不含有大量的凝胶孔。

（3）München 模型[99-100]。Wittmann 在 1976 年提出了 München 模型，通过该模型可以定量预测水和固相之间相互作用所造成的混凝土性能的变化。

（4）近藤连一-大门正机模型[101]。该模型认为水泥石的孔，按照孔径分为凝胶微晶内孔、凝胶微晶间孔、凝胶粒子间孔、毛细孔或大孔，凝胶微晶内孔孔径小于 1.2 nm、凝胶微晶间孔孔径在 1.2~3.2 nm、凝胶粒子间孔（或过渡孔）孔径在 3.2~200 nm、毛细孔或大孔直径大于 200 nm。

（5）计算机模型[101-102]。第一代模型主要对水化产物与未水化的水泥熟料颗粒在硬化浆体中的空间分布进行模拟；第二代模型是以流体力学中渗流理论为基础，主要对水化过程与微观结构的关系进行模拟；第三代模型以水泥组分、细度、养护条件等作为基本参数，模拟推演水化程度、水化热、结合水和孔隙率等物理量的浆体微结构物理性能。

（6）布特模型[103]。布特模型将水泥石中的孔分为：凝胶孔（<10 nm）、过

渡孔（10~100 nm）、毛细孔（100~1000 nm）和大孔（>1000 nm）。

（7）Kumar-Bhattacharjee 模型[103]。Kumar-Bhattacharjee 模型认为，水泥石中的孔分为凝胶孔（0.5~10 nm）、由于界面收缩形成的裂纹（1.5~2.0 nm）、毛细孔（5~5000 nm）和由于引入空气或振捣不足形成的大孔（>5000 nm）。

（8）Mehta 模型[8]。Mehta 通过试验将水泥石中的孔分为：凝胶孔（<4.5 nm）、过渡孔（4.5~50 nm）、毛细孔（50~100 nm）和大孔（>100 nm）。

（9）吴中伟模型[104]。1973 年吴中伟按照孔径大小对混凝土性能的影响程度，提出了对混凝土内部不同级别孔的划分方法以及影响因素，依次为：无害孔（<2 nm）、少害孔（20~50 nm）、有害孔（50~200 nm）和多害孔（>200 nm）。

（10）分形模型。近些年，随着对分形理论研究的深入，且多孔材料的孔隙结构具有明显的分形特征，分形理论在混凝土孔隙结构的研究中取得了很大的进展[105]。借助分形理论，将混凝土的孔隙结构量化为分形维数，建立恰当的混凝土孔隙结构分形模型，是当前混凝土微观孔隙结构研究的方向。分形模型主要是基于压汞法、光学法、X 射线衍射法等建立的[94]，其中压汞法建立的分形模型主要有空间填充模型、Menger 海绵模型、孔轴线分形模型和基于热力学关系的分形模型[106-110]；基于光学法建立的分形模型主要有围绕孔隙断面轮廓线分形维数的求解[111-113] 和根据硬化混凝土孔隙结构测定仪引入的盒维数[114] 而建立的。

1.3　目前存在的问题

1.3.1　在水利工程方面存在的问题

对风积沙作为坝壳填筑料，即作为一种水利建筑物的填筑材料，目前应用尚不成熟，研究还处于探索阶段。与作为公路路基、桥涵台背和挡墙后填筑体，以及输水渠道的渠堤填筑体不同，作为水利建筑物的坝壳填筑料，填筑压实后风积沙坝体大部分位于库水位以下，处于饱和状态，和地表水直接接触，还要经历库水位的变动，这种粒径非常均匀的风积沙作为坝壳填筑料的质量评价在国际上的相关规范中尚属空白。在内蒙古自治区黄河干流上修建的黄河某水利枢纽工程，其左岸土石坝延伸到乌兰布和沙漠内，并且左岸乌兰布和沙漠具有储量丰富的风积沙；如果风积沙能够作为土石坝坝壳填筑料，将会产生良好的经济效益和社会效益，目前国内相关单位正在进行研究和评价。

随着我国水利工程建设的不断扩展，经常要在沙漠地区进行各种水利工程建设，因此对风积沙特殊的工程性质的研究在今后一段时间会越来越引起工程界的重视。

1.3.2　在建筑工程方面存在的问题

ASC 的研究在国内外处于初级阶段，还没有引起人们的足够重视。目前，ASC 方面的研究主要集中于针对某个特定工程项目，国家和地方还没有专门针对风积沙混凝土颁布相应的规范和标准供行业参照。国内外目前还没有对 ASC 在复杂环境作用下的耐久性展开研究，特别是没有从微观机理方面对风积沙拌制的混凝土和砂浆的耐久性进行研究，更没有专门的 ASC 结构服役于复杂环境下的全寿命周期评价系统。因此，对 ASC 在复杂环境下耐久性能的研究，能为 ASC 在西部地区各种服役环境下的推广应用提供重要的理论指导。

1.4　研　究　方　案

1.4.1　研究的主要内容

本书针对 ASC 在中西部寒冷、干旱和盐腐蚀环境下的耐久性能展开研究，主要的研究内容概括如下：

(1) 对西北、华北地区，尤其是靠近沙漠区的混凝土使用现状、耐久性破坏状况、风积沙工程应用、风积沙混凝土的研究及使用现状进行调查。

(2) 优选原材料，重点关注 ASC 的原料筛选、配制技术，并进行 ASC 标准养护 28 d 后的力学性能、微观组织结构等研究。

(3) 进行 ASC 在冻融、盐侵、干湿循环单一、双重和多重因素作用下的耐久性能试验，分析不同环境因素与 ASC 质量损失和相对动弹性模量衰减之间的关联程度，分析其水化产物转变、微观结构变化规律。

(4) 进行 ASC 在冻融、盐侵、干湿循环单一、双重和多重因素作用下氯离子的溶移扩散研究，采用化学分析方法测试 ASC 在各种环境因素作用下的氯离子浓度，分析氯离子的扩散规律。

(5) 对不同掺量的 ASC 进行 3 d、7 d、14 d、21 d 和 28 d 快速碳化试验，分析 ASC 的碳化规律。

(6) 按照试验结果，建立 ASC 在大气环境、氯离子腐蚀环境和冻融环境作用下的服役寿命预测模型。

1.4.2　研究的技术路线

本书的研究思路是：调查研究，收集相关资料→风积沙取样→沙样试验分析→混凝土配合比试配→制备风积沙混凝土试块→微观组织结构分析→耐久性试验→分析处理数据→氯离子的扩散规律→影响因素评价→寿命预测模型。

研究技术路线如图 1-5 所示。

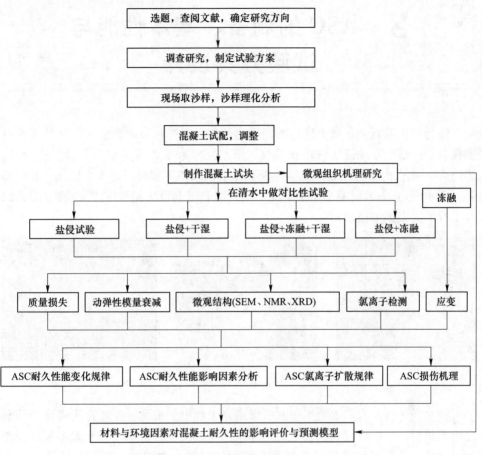

图 1-5　研究技术路线

2 ASC 的制备、基本性能与试验方案设计

作为中国灌溉面积最大灌区的内蒙古西部巴彦淖尔市河套灌区，其节水改造工程对于西部干旱地区缓解用水紧张、节约用水和节省资金至关重要。据统计，2015 年一年仅内蒙古河套灌区续建配套与节水改造工程投资近 6.5 亿元，其中需要耗费 40 万立方米混凝土用于渠道衬砌与配套水利设施建设[115-116]，图 2-1 为水利工程中混凝土渠道衬砌。

图 2-1　混凝土渠道衬砌

在水利工程、农业水土工程和桥梁道路工程中起护坡、护底和防渗作用的混凝土渠道衬砌、护堤等基础设施应用非常广泛，渠道衬砌用混凝土大多采用高塑性混凝土。其主要技术指标要求为：较大的混凝土水胶比，粗骨料粒径一般为 5~20 mm，拌合物的工作性能符合泵送混凝土相关规范要求；在浇筑过程中不需借助外力振捣，仅仅依靠混凝土的自密性即可完全填充模具的任意位置，形成非常密实的结构；具有流动性强、不泌水、不分层离析、体积稳定性较高、高弹性模量、低收缩与徐变、低温度变形的特点，可远距离泵送，强度不受影响，工程观感质量好；拌合用水量较低，可以借助外掺剂的使用，使混凝土力学性能、抗渗性、抗冻性高于普通混凝土，其良好的工作性能和耐久性能可以很好地保证水利、农业工程用混凝土的施工要求。

因此，本章按照灌区渠道衬砌用混凝土的性能要求，利用内蒙古西部地区储量丰富的风积沙作为原材料来配制混凝土，从原材料的选择、物理化学性能指标检测、配合比设计、混凝土试拌，直至混凝土拌合物的力学性能检测、耐久性能检测均满足水利行业规范、标准与规程[117-118]。

2.1 原 材 料

(1) 水泥：采用冀东水泥厂生产的42.5级P.O普通硅酸盐水泥，体积安定性合格，主要物理化学性能指标见表2-1。

表2-1 水泥的物理力学性能

材料	比表面积 /m² · kg⁻¹	标准稠度 用水量/%	密度 /kg · m⁻³	体积安定性	筛分残余量 (80 μm 筛余)/%	凝结时间/h 初凝	终凝	28 d 抗压 强度/MPa
水泥	384	28.5	3158	合格	6.4	4.0	6.5	49.1

(2) 粉煤灰：呼和浩特市金桥电厂的二级粉煤灰，主要指标见表2-2。

表2-2 粉煤灰的主要技术指标

烧失量 /%	比表面积 /m² · kg⁻¹	需水量 /%	密度 /kg · m⁻³	筛分残余量 (45 μm 方孔筛筛余)/%	微珠含量 /%	SO₃ 含量 /%
3.05	354	97.2	2150	13.7	93.3	2.1

(3) 风积沙与河砂：风积沙取自于内蒙古库布齐沙漠腹地，属特细砂；河砂取自呼和浩特市周边的天然河砂，中砂，Ⅱ区级配。风积沙和天然河砂的主要物理性能指标见表2-3，风积沙的主要成分见表2-4。

表2-3 风积沙与天然河砂的主要物理化学性能

材料	表观密度 /kg · m⁻³	颗粒 级配	含水率 /%	堆积密度 /kg · m⁻³	含泥量 /%	泥块 含量/%	有机质 含量/%	氯离子 含量/%	硫酸盐与硫 化物含量/%
风积沙	2590	$\mu_f = 0.72$	0.3	1580	0.4	—	符合规范 要求	0.017	0.37
天然河砂	2580	$\mu_f = 2.91$	2.2	1790	1.0	0.3	符合规范 要求	0.02	0.40

表2-4 风积沙的主要成分 (%)

材料	SiO₂	Al₂O₃	CaO	Fe₂O₃	K₂O	Na₂O	C	MgO	Mn	其他
风积沙	74.0	9.0	4.0	3.0	2.0	2.0	2.0	1.0	0.1	2.9

(4) 石子：呼和浩特市周边采石场卵碎石，属5~12 mm 连续级配，最大粒径12 mm，砂、石相关指标检测严格按照 JGJ 52—2006《普通混凝土用砂、石质量及检验方法标准》[119]，其主要物理化学性能见表2-5。

表 2-5　粗骨料的主要物理化学性能

材料	表观密度 /kg·m⁻³	颗粒级配 /mm	含水率 /%	堆积密度 /kg·m⁻³	泥含量 /%	泥块含量 /%	有机质含量	针片状含量/%	压碎指标 /%	坚固性 /%
石子	2670	5~12	1.3	1650	0.4	0	浅于标准色	3	3.7	5.0

（5）外加剂：羧酸系高效减水剂，减水率达 20%。引气剂采用以天然野生植物皂荚为主要原料研制的产品。

（6）水：饮用水，符合国家标准。

2.2　配合比设计

按照试验方案，并执行《普通混凝土配合比设计规程》（JGJ 55—2011）[120]，风积沙代替河砂的比例依次是：0、20%、40%、60%、80% 和 100%，共设计了 6 种混凝土。水胶比为 0.55，砂率为 0.48，按照 20% 等量取代法掺入粉煤灰。配合比见表 2-6。考虑到风积沙与河砂含水率差异太大，风积沙替代量越大时自身吸水越明显，以及 ASC 耐久性试验的主要变量是风积沙掺量，在拌制 60% 以上掺量的 ASC 时，对掺入的减水剂用量进行了调整。

表 2-6　6 种混凝土（C25）配合比

混凝土编号	原材料用量/kg							
	水泥	水	河砂	风积沙	石子	粉煤灰	引气剂	减水剂
OPC	334	230	855		926	84	0.02	
20%ASC	334	230	684	171	926	84	0.02	
40%ASC	334	230	508	338	917	84	0.02	0.5
60%ASC	334	230	336	505	911	84	0.02	0.5
80%ASC	334	230	163	654	885	84	0.02	1.0
100%ASC	334	230		817	885	84	0.02	1.5

2.3　复合盐与单盐溶液的浓度设计

参照当地地质、水文资料数据，作为 ASC 耐久性影响的侵蚀介质，分别配制单盐 Na_2SO_4 和 NaCl、复合盐（Na_2SO_4+NaCl），考虑对比，一组溶液为自来水。设计浓度见表 2-7。

表 2-7 盐溶液用量及其浓度

盐溶液 种类及编号	盐类型及用量/g·L^{-1}		浓度/%
	Na$_2$SO$_4$	NaCl	
水	0	0	0
S+Cl	25	15	3.85
S	52.63	0	5.0
Cl	0	36.3	3.5

2.4 试验工况设计

混凝土的耐久性能研究条件大多以恶劣的大气或海洋环境为主，本试验主要考虑西北地区冬季寒冷和夏季干旱的气候环境特点，以及土壤中富含各种易溶盐和广泛分布的高浓度盐湖卤水地质水文条件，试验工况设计见表 2-8。

表 2-8 试验工况汇总表

工况	组名	试验名称	对比试验
1	C	碳化	
2	J	3.85%(Na$_2$SO$_4$+NaCl)/3.5%NaCl 溶液长期浸泡	
3	H	3.85%(Na$_2$SO$_4$+NaCl)/5.0%Na$_2$SO$_4$/3.5%NaCl 溶液盐腐蚀+干湿循环	干湿循环
4	D	3.85%(Na$_2$SO$_4$+NaCl)/5.0%Na$_2$SO$_4$/3.5%NaCl 溶液盐腐蚀+冻融循环	冻融循环
5	HD	3.85%(Na$_2$SO$_4$+NaCl)/5.0%Na$_2$SO$_4$/3.5%NaCl 溶液盐腐蚀+冻融+干湿循环	冻融+干湿循环

2.5 试 验 方 法

2.5.1 试件制作成型与养护

严格按照《混凝土泵送施工技术规程》（JGJ/T 10—2011）[121] 和《特细砂混凝土应用技术规程》[122]（DB-50-5028—2004）中关于原材料投料顺序和坍落度要求拌制，采用 HJW-60 卧式搅拌机搅拌，搅拌规定的时间后制作立方体试件（尺寸为 100 mm×100 mm×100 mm）和两种棱柱体试件（尺寸分别为 100 mm×100 mm×400 mm 及 40 mm×40 mm×160 mm），数量统计见表 2-9~表 2-11。

表 2-9　立方体试件（100 mm×100 mm×100 mm）的数量统计

力学性能指标	养护龄期/d	数量/组	合计/组
抗压强度	7；28	2	12
劈拉强度	28	1	6

表 2-10　棱柱体试件（100 mm×100 mm×400 mm）的数量统计

耐久性能指标	养护龄期/d	数量/组	合计/组
碳化试验	28	1	6
应变损伤试验	28	1	6

表 2-11　各种工况下棱柱体试件（40 mm×40 mm×160 mm）的编号与数量统计

试验工况	编号	盐溶液种类/个				小计/个	合计/个
		S+Cl	水	S	Cl		
J、D、HD	I	3	3	3	3	12	72
	II	3	3	3	3	12	
	III	3	3	3	3	12	
	IV	3	3	3	3	12	
	V	3	3	3	3	12	
	VI	3	3	3	3	12	
H	I	2	2	2	2	8	48
	II	2	2	2	2	8	
	III	2	2	2	2	8	
	IV	2	2	2	2	8	
	V	2	2	2	2	8	
	VI	2	2	2	2	8	

试件养护条件：保湿养护 1 d 后拆模，在标准状态下（温度 20 ℃±3 ℃、相对湿度 95%以上）养护时间为 28 d。

2.5.2　ASC 基本性能的试验方法

混凝土坍落度和含气量按照《普通混凝土拌合物性能试验方法标准》（GB/T 50080—2002）[123] 执行，力学性能试验按照《普通混凝土力学性能试验方法标准》（GB/T 50081—2002）[124] 执行，耐久性试验参照《混凝土耐久性检验评定标准》（JGJ/T 193—2009）[125] 和《普通混凝土长期性能和耐久性能试验方法标准》（GB/T 50082—2009）[126] 执行。

2.5.2.1 氯离子浓度检测

在含氯盐溶液中对 ASC 分别进行长期浸泡、冻融循环、干湿循环和冻融+干湿循环试验，每经过 90 d 浸泡、25 次冻融、10 次干湿和 1 次冻融+干湿后，用专用合金钻头（直径为 8 mm）在试件中钻取粉末，从混凝土相对的两个侧面采样，侧面钻孔时试件两端避开 20 mm，孔与孔的距离约 15 mm；依次采样深度为 0~5 mm，5~10 mm，10~15 mm，15~20 mm，用 0.15 mm 孔径筛过筛并收集不少于 3 g 粉末，在 105 ℃±5 ℃条件下烘干 2 h。

混凝土样品采用《水利混凝土耐久性技术规范》（DL/T 5241—2010）[127] 中的水溶萃取法与酸溶萃取法进行氯离子浓度检测，氯离子浓度用自由氯离子浓度与总氯离子浓度占混凝土质量的百分数表示。

（1）水溶萃取法：1）称取 2 g 混凝土粉末样品，置于三角烧杯中并加入 40 mL 蒸馏水，塞紧瓶塞，充分摇晃至粉末与水完全混合，浸泡 24 h；2）过滤；3）在两个三角烧杯中分别用移液管各移取 10 mL 滤液；4）各加两滴酚酞溶液；5）用稀硫酸溶液中和至无色；6）加入 10 滴铬酸钾；7）用 $AgNO_3$ 滴定并记录其消耗量（mL），以两次检测值的平均值作为最终结果。

$$c_f = \frac{c_{AgNO_3} V_5 \times 0.03545}{G \times \dfrac{V_4}{V_3}} \times 100\% \qquad (2-1)$$

式中，c_f 为不同深度处的自由氯离子浓度，%；c_{AgNO_3} 为 $AgNO_3$ 标准溶液浓度，mol/L；V_5 为每次滴定时消耗的 $AgNO_3$ 溶液量，mL；G 为样品质量，g；V_4 为每次滴定时提取的滤液量，mL；V_3 为浸样品的水量，mL。

（2）酸溶萃取法：1）称取 1 g 样品，置于三角烧杯中，分别用移液管移入 17 mL 蒸馏水与 3 mL 浓硝酸，浸泡 24 h；2）过滤；3）在两个三角烧杯中分别用移液管各移取 5 mL 滤液；4）在烧杯中各滴入 5 mL 的 $AgNO_3$；5）用硫氰酸钾滴定并记录消耗量（mL），以两次检测值的平均值作为最终结果。

$$c_t = \frac{0.03545(c_{AgNO_3} V - c_{KSCN} V_1)}{G \times \dfrac{V_2}{V_3}} \times 100\% \qquad (2-2)$$

式中，c_t 为不同深度处的总氯离子浓度，%；c_{AgNO_3} 为 $AgNO_3$ 标准溶液浓度，mol/L；V 为每次滴定时消耗的 $AgNO_3$ 溶液量，mL；c_{KSCN} 为硫氢酸钾标准溶液浓度，mol/L；V_1 为滴定时消耗的硫氰酸钾标准溶液用量，mL；G 为样品质量，g；V_2 为每次滴定时提取的滤液量，mL；V_3 为浸样品的水量，mL。

在分析氯离子结合规律时，计算出 c_f/c_b 值后，找出其与 c_f 的关系曲线来分析氯离子的结合规律。计算分析自由氯离子扩散系数时采用 Fick 第二扩散定律的一维解析解，使用最小二乘法，编制 MATLAB 计算程序，计算出不同耐久性龄期风积沙混凝土的表观氯离子扩散系数 D、表层氯离子浓度 c_s 及初始氯离子浓度 c_0。

2.5.2.2　碳化试验

100 mm×100 mm×400 mm 试块在标准条件下养护 28 d，取出后在 60 ℃下烘干 48 h。烘干后留下两个相对的侧面，其余用石蜡密封。在暴露的侧面上沿长度方向每 10 mm 画平行线。将试块放入碳化箱并保持密封性良好，试验开始后每隔一定时间对箱内二氧化碳浓度、温度、湿度进行测量，前 2 d 每 2 h 测一次，以后每 4 h 测一次。碳化到 3 d、7 d、14 d、21 d、28 d 分别破型试块并测定碳化深度，并将上次破型后的面再次密封继续碳化。取出的部分试件去除粉末，喷上 1%的酚酞酒精溶液（酒精溶液含 20%的蒸馏水），30 s 测定碳化深度并取平均值。碳化试验箱如图 2-2 所示。

图 2-2　混凝土碳化试验箱

2.5.2.3　冻融试验

将标准条件下养护 24 d 的棱柱体试件浸入（全浸泡）常温下的盐溶液或水中，4 d 后放入快速冻融机中进行快速冻融循环试验（4 h 完成一个冻融循环），在-17 ℃±2 ℃条件下冻结 2 h，在 8 ℃±2 ℃条件下融化 2 h 为一次冻融循环（1 d 进行 6 次冻融循环）。具体方法为：冻结由 8 ℃降到-17 ℃用时 1 h，保持 -17 ℃用时 1 h，融化过程由-17 ℃升到 8 ℃为 1 h，保持 8 ℃为 1 h，如此循环。

试验过程中及时观测液面高过试件的高度，如果高度在 40 mm 以下要及时补充冻融介质。每隔 25 次冻融后测定试块的质量与超声波波速。混凝土快速冻融机如图 2-3 所示。

2.5.2.4　干湿试验

试验采用 48 h（2 d）完成一次干湿循环，即每次将试件置于烘干箱中烘干 23 h（本试验设置两种烘干温度：60 ℃±2 ℃、100 ℃±2 ℃），取出后在温度为

图 2-3 混凝土快速冻融机

20 ℃±3 ℃且湿度为 60%±3% 的空气中晾干 1 h，晾干后再放入温度 20 ℃±3 ℃的盐水中继续浸泡 23 h，再在温度为 20 ℃±2 ℃且湿度为 60%±3% 的空气中晾干 1 h，如此一次循环耗时 48 h（2 d）。恒温干燥箱如图 2-4 所示。

图 2-4 恒温干燥箱

2.5.2.5 盐腐蚀+冻融+干湿循环三因素试验

提前 3 d 将棱柱体试件采用全浸泡的方式放入常温下的盐溶液或水中，3 d后放入快速冻融机中进行快速冻融循环试验（4 h 完成一个冻融循环），在 -18 ℃±2 ℃条件下冻结 2 h，在 8 ℃±2 ℃条件下融化 2 h 为一次冻融循环（1 d 进行 6 次冻融循环）。具体方法为：冻结由 8 ℃降到 -17 ℃用时 1 h，保持 -18 ℃用时 1 h；融化过程由 -18 ℃升到 8 ℃为 1 h，保持 8 ℃为 1 h。再采用 96 h 完成一次干湿循环，即每次将试件烘干 23 h（50 ℃±2 ℃），取出后在温度为 20 ℃±3 ℃且相对湿度为 60%±2% 的空气中晾干 1 h，晾干后再放入温度为 20 ℃±3 ℃的水或盐溶液中继续浸泡 71 h，再在温度为 20 ℃±5 ℃且湿度为 60%±5% 的空气中晾干 1 h。

如此一次大循环耗时 5 d。试验过程中及时观测浸泡或冻融介质的液面高度，如果发现液面高度低于试件高度要及时补充溶液。在盐腐蚀+冻融+干湿循环试验过程中，每 1 次、2 次、3 次、4 次（即 5 d、10 d、15 d、20 d）取出试块并测试质量与超声波波速。

2.5.2.6　应变观测

采用电阻式应变片制作应变监测装置，电阻式应变片型号 BX120-50AA，电阻值 120 Ω±0.2 Ω，灵敏系数为 2.08%±1%，使用环境温度范围为 −30 ℃ ~ +70 ℃，使用之前先用万用表检测每一个应变片的灵敏可靠性。

应变监测装置制作程序为：（1）选取材质较软的 PVC 作为应变片的基材，裁剪成 70 mm×10 mm 的单元用超声波清洗干净。（2）用 502 胶水将应变片粘贴在基材上，粘贴时要注意避免应变片与基材之间出现空气气泡、损坏应变片和脱胶现象。（3）用电烙铁焊引导线，一定要保证焊接可靠，焊接完毕再粘贴另一片基材。（4）置于干燥箱内在 60 ℃ 条件下烘干 3 d 消除内应力。（5）用万用表检测应变片与导线的连接可靠性，并选出反应灵敏可靠的电阻应变计。本试验中制备的电阻式应变计如图 2-5 所示。

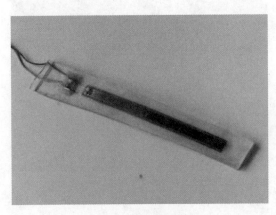

图 2-5　电阻式应变计

制备混凝土时，将两片电阻式应变计埋置在 100 mm×100 mm×400 mm 混凝土试件两侧 20 mm 深处纵向正中，如图 2-6 所示。密实混凝土时要防止应变装置移位，1 d 后脱模，并将制作好的试块放置在标养箱中养护 28 d。在快速冻融试验中通过埋置于混凝土内部的应变装置反映混凝土内部的损伤，采用江苏东华测试技术股份有限公司产的 DH3818 静态应变测试系统采集 6 组混凝土的应变，其采样频率为 2 Hz，静态应变测试系统如图 2-7 所示。

2.5.2.7　电镜扫描

采用 Hitachi S-4800 场发射扫描电子显微镜，冷场发射电子枪，二次电子分

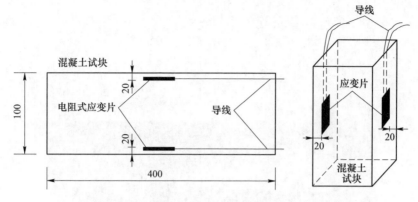

图2-6 电阻式应变片埋设位置（单位：mm）

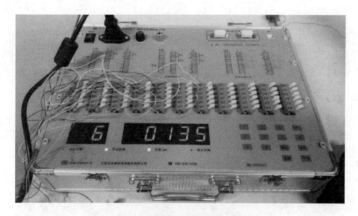

图2-7 静态应变测试系统

辨率1.0 nm(15 kV)/2.0 nm(1 kV)，背散射电子分辨率3.0 nm(15 kV)，加速电压0.5~30 kV(0.1 kV/步可变)，放大倍率20~800000，环境电镜扫描仪如图2-8所示。

2.5.2.8 X射线衍射分析

对标准条件下养护28 d、经历冻融或干湿循环后的ASC试件样品采用日本理学公司的Ultima Ⅳ型X射线衍射仪测定，条件为Cu靶衍射管CuKα，额定功率3 kW，管压40 kV，1 kV/步；管流40 mA，1 mA/步；扫描速度4(°)/min，扫描范围2θ为5°~90°，稳定度小于或等于±0.01%。用XRD鉴定各样品的水化产物时，采用MDI Jada6.0对样品内部水化产物进行定性分析。X射线衍射分析仪如图2-9所示。

2.5.2.9 核磁共振

混凝土内部孔隙可分为胶凝孔、过渡孔、毛细孔、大孔，不同混凝土内部的

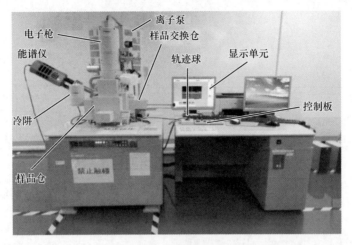

图 2-8　电镜扫描仪

图 2-9　X 射线衍射分析仪

孔隙结构如孔隙率、孔径、孔径分布等都会有差异。当孔隙内充满水，对混凝土进行核磁共振时，不同的混凝土样品，存在于孔中的水的弛豫时间不同，核磁设备采集的信号量也不同。

弛豫时间是表示孔隙液体受到外界激励撤销后会再次回到原始状态，从激励状态回到平衡状态需要的时间。弛豫时间分为纵向弛豫时间 T_1 和横向弛豫时间 T_2，T_1 是由自旋系统与周围介质交换能量完成的，T_2 是由自旋系统内部交换能量引起的。对于孔隙中的流体，有自由弛豫、表面弛豫、扩散弛豫三种不同的弛豫机制，采集的孔隙流体的横向弛豫时间可以表示为[89]：

$$\frac{1}{T_2} = \frac{1}{T_{2扩散}} + \frac{1}{T_{2表面}} + \frac{1}{T_{2自由}} \tag{2-3}$$

式中，T_2 为采集到的孔隙流体的横向弛豫时间；$T_{2扩散}$ 为在磁场梯度下由扩散引起的孔隙流体横向弛豫时间；$T_{2表面}$ 为由表面弛豫引起的横向弛豫时间；$T_{2自由}$ 为孔隙中流体的横向弛豫时间。

忽略孔隙流体弛豫和扩散影响，T_2 分布与孔隙尺寸的大小和分布相关。在多孔介质中，孔径越大，敷存于孔隙中的水弛豫时间就越长；孔径越小，存在于孔中的水受到的束缚程度越大，弛豫时间越短，即峰的位置与孔径大小有关，峰的面积大小与对应孔径的多少有关。因此 T_2 弛豫时间实质上反映了样品内部的孔隙结构，当孔隙中只含有水时，表面弛豫起控制作用，即 T_2 大小与孔隙尺寸成正比。弛豫时间 T_2 与孔隙的关系可以表示为[38-89]：

$$\frac{1}{T_2} \approx \frac{1}{T_{2表面}} = \rho_2 \left(\frac{S}{V}\right)_{孔隙} \tag{2-4}$$

式中，T_2 为横向弛豫时间；ρ_2 为基体表面弛豫率，即衡量基体表面促进液体横向弛豫的能力；S 为孔隙表面积；V 为液体体积；S/V 为孔隙的比表面积。

假设孔隙是一个半径为 r 的圆柱体，计算中假设混凝土的表面弛豫率为 50 μm/s，T_2 谱图就可以转化为孔径分布图。通过测得的 T_2 值按照公式就可计算出孔径分布，进而绘制出孔径分布曲线。

一般来说，弛豫时间 T_2 与孔径的关系可以表示为：若弛豫时间 $T_2 < 1$ ms，表示为 $r < 10$ nm 的胶凝孔；若弛豫时间 1 ms $< T_2 < 500$ ms，表示为 10 nm $< r < 5000$ nm 的毛细孔；若弛豫时间 $T_2 > 500$ ms，表示为 $r > 5000$ nm 的大孔。因此通过 T_2 谱的分布特征可进一步解读孔隙尺寸的分布：孔隙小，T_2 就小；孔隙大，T_2 就大。

对不同溶液中经历冻融、干湿单因素、双因素和多因素作用后的 ASC 试块制成 40 mm×40 mm×60 mm 的长方形试件，利用真空饱和装置对试件进行充分抽气，抽气时间不少于 8 h，抽气后将试件置于水中防止表面水分蒸发。先利用标定样品对核磁共振仪进行标定，再对样品进行测试，得到 T_2 谱、孔径分布曲线、孔隙度和渗透率，通过样品内部孔隙结构变化，来客观评价 ASC 的损伤情况。

核磁共振监测装置的质子共振频率 23.3 MHz，磁强强度 0.55T，磁场漂移小于或等于 7.5 Hz/h。设备如图 2-10 所示。

2.5.2.10　气泡间距分析

标准条件下养护 28 d 后的 ASC 试块沿垂直于浇筑面的方向切成厚度约 20 mm 厚的试样并用超声波清洗；在研磨机上采用 400 号、800 号、1200 号和 2000 号金刚粉对试样观测面进行充分研磨至表面满足要求如图 2-11a 所示，气泡间距分析仪如图 2-11b 所示。

下面是各物理量及用导线法数据结果处理公式。

气泡平均弦长：

$$\bar{l} = \frac{\sum l}{N} \tag{2-5}$$

图 2-10　核磁共振波谱仪

a—MiniMR-60 核磁共振分析系统；b—真空饱和装置

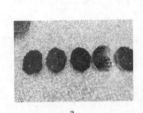

图 2-11　气泡间距分析仪

a—样品；b—气泡间距分析仪

气泡比表面积：

$$a = \frac{4}{\bar{l}} \tag{2-6}$$

气泡平均半径：

$$r = \frac{3}{4}\bar{l} \tag{2-7}$$

硬化混凝土的空气含量：

$$A = \frac{\sum l}{T} \tag{2-8}$$

1000 mm³ 混凝土气泡个数：

$$n_v = \frac{3A}{4\pi r^3} \tag{2-9}$$

每 1 cm 导线切割的气泡个数：

$$n_l = \frac{N}{T} \tag{2-10}$$

气泡间距系数：

$$\bar{L} = \frac{P}{4n_l} \qquad \left(\frac{P}{A} < 4.33\right) \tag{2-11}$$

$$\bar{L} = \frac{3A}{4n_l}\left[1.4\left(\frac{P}{A} + 1\right)^{\frac{1}{3}} - 1\right] \qquad \left(\frac{P}{A} > 4.33\right) \tag{2-12}$$

式中，$\bar{l}$ 为气泡平均弦长，cm；Σl 为全导线所切割气泡弦长总和，cm；N 为全导线所切割的气泡总个数；a 为气泡比表面积，cm^2/cm^3；r 为气泡平均半径，cm；n_v 为 1 cm^3 混凝土中的气泡个数；A 为硬化混凝土中的空气含量（体积比）；T 为全导线总长，cm；P 为混凝土中水泥净浆含量（体积比，不含空气含量）；n_l 为平均每 1 cm 导线切割的气泡个数；$\bar{L}$ 为气泡间距系数，cm。

2.6 ASC 的基本物理力学性能

表 2-12 是不同掺量风积沙拌制混凝土的物理性能指标，表 2-13 是不同掺量风积沙混凝土的抗压强度和劈拉强度测定结果。6 种混凝土的坍落度均在 200~230 mm 之间，符合大流动性混凝土的泵送指标；OPC 的 28 d 抗压强度达 32.2 MPa，ASC（掺量依次从 20%~100%）的 28 d 抗压强度分别为 26.7 MPa、25.3 MPa、25.9 MPa、25.4 MPa 和 22.6 MPa，100%ASC 的 28 d 抗压强度略低于设计强度，6 种混凝土的 28 d 劈拉强度均符合要求。考虑到主要运用在水利建筑物中，比如渠道衬砌、护堤等，对混凝土的强度要求一般控制在 C25 左右，故 100%ASC 抗压强度也能满足工程要求。

表 2-12　6 种混凝土（C25）的物理性能

混凝土编号	含气量/%	坍落度/mm	拌合物表观密度/kg·m⁻³
OPC	4.4	220	2230
20%ASC	4.6	225	2220
40%ASC	5.8	230	2180
60%ASC	5.6	210	2150
80%ASC	6.2	220	2130
100%ASC	5.6	215	2110

表 2-13　6 种混凝土（C25）的抗压强度与劈拉强度

混凝土编号	抗压强度/MPa		28 d 劈拉强度 /MPa
	7 d	28 d	
OPC	18.4	32.2	1.89
20%ASC	14.8	26.7	1.62
40%ASC	16.7	25.3	1.73
60%ASC	18.5	25.9	1.66
80%ASC	12.8	25.4	1.57
100%ASC	12.6	22.6	1.50

2.7　ASC 的微观结构

2.7.1　ASC 水化产物的 XRD 物相分析

对标准条件下养护 28 d 的 ASC 混凝土的 XRD 物相分析如图 2-12 所示。结果表明，ASC 中主要成分是来自砂、石中的石英（α-SiO_2）和水化产物 C-H、C-S-H、AFt，以及少量未水化的 C_3S 和 C_2S。由图可见，不同掺量 ASC 的主要水化产物存在一定的差异，60%ASC 的 AFm 含量有增加的趋势，说明可能存在 C-A-H 或者 AFt 向 AFm 转化现象。

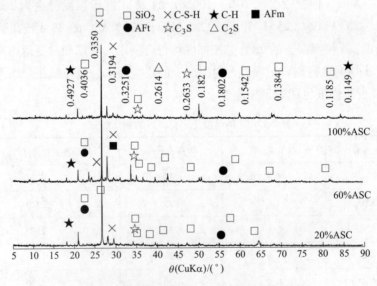

图 2-12　ASC 在标养 28 d 后的 XRD 物相分析

2.7.2 ASC 的 SEM 形貌分析

不同风积沙掺量混凝土在标准环境下养护 28 d 后 SEM 形貌如图 2-13 所示。由图可知，OPC、20%ASC 和 40%ASC 的微观组织结构疏松，除界面区外仍然存在大量的相互联通的孔隙；结合 XRD 物相分析可知，存在大量 C-H 晶体和针棒状的 AFt，而随着风积沙掺量的增加，内部组织结构变得密实，针棒状的 AFt 含量越来越少，内部的 AFm 含量逐渐增多，60%ASC 的组织结构最为密实，但风积沙掺量继续增加，混凝土的孔隙率增加。放大 100 倍后可以比较发现 OPC、20%ASC 和 40%ASC 的内部明显有裂缝存在，100%ASC 内部分布较多（0.1~5 μm）的毛细孔和独立封闭型大孔。

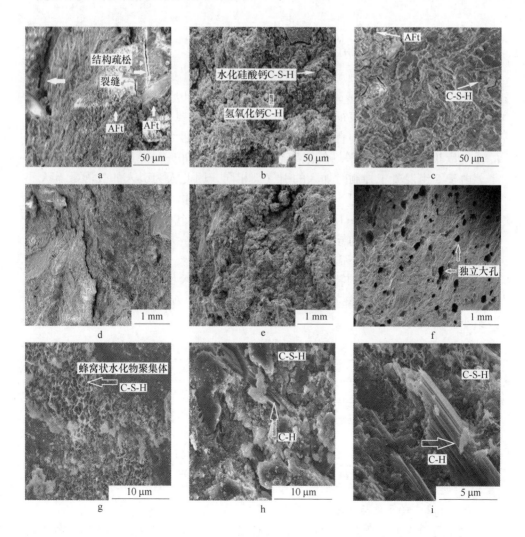

图 2-13　风积沙混凝土标准条件下养护 28 d 后的 SEM 形貌

a, d, h—20% ASC；b, e, j—60% ASC；c, f, l—100% ASC；g—OPC；i—40% ASC；k—80% ASC

2.7.3　基于气泡间距分析仪的 ASC 孔结构分析

2.7.3.1　比表面积与平均气泡直径

表 2-14 为不同掺量 ASC 在标准条件下养护 28 d 后的孔隙参数。气泡比表面积和平均气泡直径是表征混凝土内气泡大小的重要指标，当含气量接近时，气泡数量越多，气泡平均直径就越小，比表面积就越大。试验发现 5 组混凝土的含气量相差不大，但平均气泡直径差异明显，100% ASC 最大，60% ASC 较小。由于 5 组混凝土拌制时加入的引气剂相同，因此人为引入的气泡数量大小差异不明显。不同的风积沙掺量混凝土在水化过程中，掺量大于 60% 的风积沙混凝土形成许多大小不一且独立的毛细孔和大孔，100% 掺量时达到最大，内部较多的独立大孔隙结构导致测得的平均气泡直径偏大。按照本试验设计，为了考虑渠道衬砌用混凝土需要的大流动性能，水胶比采用 0.55 且强度等级为 C25 的 6 种混凝土内部孔隙尺寸均比较大；风积沙掺量大则混凝土的孔隙含量也大，100% ASC 的内部孔隙含量最大，但主要是独立性大孔，气泡间距系数最小，对抗冻性有利。

表 2-14　ASC 在标准条件下养护 28 d 后的气泡参数

混凝土编号	含气量/%	比表面积/μm	平均气泡直径/μm² · μm⁻³	气泡间距系数/μm
20% ASC	3.795	0.081	50	169.1
40% ASC	3.83	0.041	103.5	151.4
60% ASC	3.295	0.074	55	147.1
80% ASC	3.225	0.040	100	82.3
100% ASC	3.845	0.034	122	70.1

2.7.3.2　含气量与气泡间距系数

硬化后的 ASC 含气量变化不大，只有风积沙掺量为 60% 和 80% 的混凝土含气量稍有降低，原因是在振捣过程中自然吸入的一些不规则气泡，测定过程中这些不规则气泡因圆形度不足而被自动剔除，从而导致测定的含气量有所降低。

气泡间距系数是影响硬化后混凝土抗冻性最重要的因素，它是评估混凝土抗冻性能好坏的重要指标，气泡间距系数越大，平均气泡间距就越大，则硬化混凝土内毛细孔中的水在低温结冰过程中产生的静水压和渗透压就越大，因此混凝土的抗冻性就越差。由表 2-14 明显看出，混凝土中风积沙掺量越大，气泡间距系数越小，平均气泡间距就越小，因此按照孔隙参数得到大掺量的 ASC 抗冻性好。

2.7.3.3 不同风积沙掺量混凝土在标准条件下养护 28 d 的孔隙分形维数

张金喜、金珊珊等人[94]引入盒维数概念，在光学测定仪测定硬化混凝土孔隙结构的基础上，建立了气泡分布分形模型，模型公式为：

$$\lg N_c = -D_d \lg d + c \tag{2-13}$$

式中，D_d 为气泡分布分形维数；N_c 为 $\geq d$ 的孔隙数量；d 为孔径，μm；c 为常数。

图 2-14 为标准条件下养护 28 d 后的风积沙混凝土累计气泡数与气泡直径的双对数散点图。5 组 ASC 的 $\lg d$ 与 $\lg N_c$ 呈现明显的线性关系，分形模型和分形维数见表 2-15，相关系数的平方均在 0.8808~0.9298 之间，相关性较好。5 组 ASC 的分形维数 D_d 在 1.0~2.0 之间，不同风积沙掺量混凝土分形维数大小依次为：60%ASC>20%ASC>40%ASC>100%ASC>80%ASC。

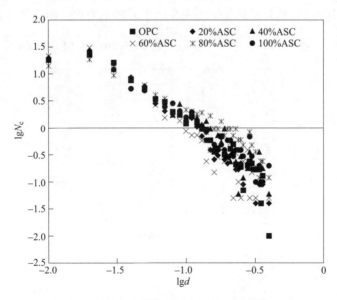

图 2-14　累计气泡数与气泡直径的双对数散点图

表 2-15　基于光学法分形模型计算得到的风积沙混凝土孔表面积分形维数

混凝土编号	分形模型	R^2	分形维数 D_d
20%ASC	$\lg N_e = -1.8948\lg d - 1.8704$	0.9298	1.8948
40%ASC	$\lg N_e = -1.6739\lg d - 1.5508$	0.887	1.6739
60%ASC	$\lg N_e = -1.9025\lg d - 1.9547$	0.8829	1.9025
80%ASC	$\lg N_e = -1.5749\lg d - 1.4407$	0.8894	1.3376
100%ASC	$\lg N_e = -1.3376\lg d - 1.0779$	0.9234	1.5749

D_d 越大，则孔隙结构中的小孔隙数量越多，混凝土组织结构越密实；D_d 越小，则混凝土中大孔隙数量越多。分析表 2-15 中数据发现，60%ASC 的 D_d 最大，即小孔隙数量最多，组织结构最密实，风积沙掺量大于 60% 时，D_d 又逐渐减小，100%ASC 独立大孔隙中有相当一部分是不规则孔隙，因此测试过程中机器会将部分不规则孔隙自动剔除，导致其分形维数稍偏大。

2.7.3.4　不同风积沙掺量混凝土在标准条件下养护 28 d 的孔隙组成

图 2-15 为不同风积沙掺量混凝土养护 28 d 后的孔隙百分数。按照孔径分类，0~10 nm 属于凝胶孔，10~100 nm 属于过渡孔，100~1000 nm 属于毛细孔，>1000 nm 属于大孔。混凝土内部的凝胶孔含量，随风积沙掺量的增加呈递增；过渡孔含量在风积沙掺量为 60% 时达到最大，掺量小于或大于 60% 时呈现递减趋势；毛细孔含量随着风积沙掺量增加呈递减趋势，在掺量为 80% 时达到最小，100%ASC 的毛细孔含量又表现为突然增大；大孔含量随着掺量增加呈递增趋势，在 100% 掺量时达到最大，ASC 中表现为风积沙掺量为 60% 时大孔含量最小。

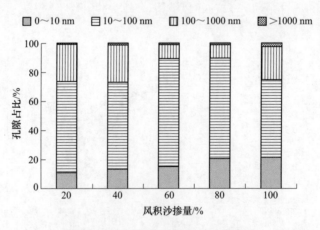

图 2-15　ASC 标养 28 d 后的孔隙占比

图 2-15 表明，风积沙掺量在大于 60% 时，ASC 内部凝胶孔、过渡孔数量比较多，内部的独立大孔数量也在越来越多；掺量小于 60% 时，凝胶孔与大孔含量

少，但是毛细孔含量却较高。风积沙掺量在60%以上的孔隙结构特征虽然强度出现部分降低，却有益于ASC耐久性能的提高。

2.8 本章小结

针对我国西部地区储量丰富的风积沙的工程特点以及靠近沙漠地区的恶劣气候与地质条件，结合现在巴彦淖尔市河套灌溉渠道衬砌用混凝土的使用要求，制备了大流动性低强度等级的ASC，测定了不同混凝土的抗压强度、劈拉强度和含气量，借助微观测试方法分别进行了XRD物相分析、SEM形貌分析和气泡间距孔结构分析。试验结果表明：

（1）设计强度等级为C25的ASC，水泥掺入量为334 kg/m³，水胶比为0.55，坍落度保持在210~230 mm之间，其28 d抗压强度除100%ASC稍显不足外，28 d劈拉强度均满足标准要求。

（2）SEM形貌分析显示，风积沙掺量60%以下的ASC内部存在大量相互连通的大孔隙；风积沙掺量在60%时，毛细孔和大孔含量最小，水泥石内部孔隙结构得到一定程度的细化，则内部组织结构致密；100%ASC分布较多（0.1~5 μm）的毛细孔和独立封闭型大孔，这些不规则的闭合大孔对ASC的抗冻性有抑制效果。XRD物相分析显示，水化产物存在大量的C-H晶体、纤维状和粒状的C-S-H凝胶和针状的AFt晶体，大量的针状AFt对混凝土的抗冻性不利；60%ASC中存在少量AFm晶体，是水化产物C-A-H或者AFt直接转化的结果。

（3）通过气泡间距分析显示，风积沙掺量超过60%时，掺量越大则混凝土的孔隙含量越大，凝胶孔数量、毛细孔、大孔含量逐渐增多；100%ASC的内部孔隙量最大，包括数量较多的凝胶孔和独立大孔隙；风积沙掺量越大，气泡间距系数越小，平均气泡间距越小。

3 ASC 在单因素作用下的损伤失效规律研究

查阅大量文献资料研究发现[6-7]，华北、西北的沙漠区四季温差较大，位于该区域的混凝土结构会经历反复低温作用，内蒙古西部巴彦淖尔市河套灌区数量众多的混凝土水利设施服役环境属于干旱、寒冷地区，经历反复热胀冷缩后很多混凝土设施出现冻胀破坏、剥落[128-132]；处于水位变动区的水利设施，还要经常经历干湿循环作用。恶劣的混凝土服役环境导致大量水利混凝土结构的实际使用寿命普遍低于设计使用寿命，研究这些地方的混凝土结构的抗冻性、抗干湿能力是保证其耐久性能的一个非常重要内容，要想在这些地区大力推广使用 ASC，就必须要研究 ASC 在低温、干湿环境下的损伤失效规律与失效机理。

因此，本章的研究对象是在第 2 章制备的 6 种不同掺量的 ASC（OPC、20%ASC、40%ASC、60%ASC、80%ASC 和 100%ASC）基础上进行了 3 个方面的研究工作：

（1）研究了 ASC 分别在冻融、干湿循环因素作用下的损伤失效规律；

（2）进行了 ASC 在冻融、干湿循环单因素作用下的孔结构分析；

（3）进行了 ASC 在冻融、干湿循环单因素作用下的损伤机理分析。

3.1 ASC 在冻融作用下的损伤失效研究

3.1.1 ASC 在冻融作用下的损伤失效规律

3.1.1.1 破坏现象

如图 3-1 所示，100%ASC 经历 225 次、250 次与 300 次冻融后表面损伤差异非常小，只是表现为表面层状剥蚀，未观察到明显的裂缝损伤，到 300 次后仍未发现裂缝出现，整体性仍然很好，说明内部由于冻融造成的损伤非常小。而掺量在 60%以下的 ASC 表层脱落及棱角破坏现象非常明显，75 次循环以后已见明显裂缝。

3.1.1.2 质量损失与相对动弹性模量

由图 3-2a 可知，6 种 ASC 经过冻融循环，其相对动弹性模量 E_r 变化规律表现为：OPC 缓慢上升至一定值后快速下降，在冻融初期孔隙内部由于水化产物

图 3-1　100%ASC 经历不同冻融次数时的破坏现象

a—225 次；b—250 次；c—300 次

AFt 的填充效应导致结构更加密实，随着冻融次数的增加，损伤加剧，因此表现为先上升后下降；20%ASC 经历一个快速下降段和一个缓慢下降段，40%ASC 只有快速下降段，在经历 100 次冻融循环试验时即达到破坏标志；60%ASC 有一个缓慢下降和一个快速下降段，80%ASC 和 100%ASC 分别经历一个缓慢上升段和一个缓慢下降段，但 100%ASC 缓慢下降过程持续时间更长，即使在冻融 300 次后其相对动弹性模量仍然达到初始值的 80%。

　　图 3-2b 示出了各混凝土质量在冻融前期均有不同程度的增长，增长的原因主要是内部微裂纹的发展使孔隙溶液增多所致。掺量为 80% 以下的 ASC 在经历冻融时观察到表面裂缝不断扩大与内部微裂缝不断扩展并发展到表面，最终导致混凝土试块溃烂，因此表现为动弹性模量的减小与质量损失率的增加，掺量 60%及以下的 ASC 是以相对动弹性模量作为破坏标志，80% 掺量的 ASC 破坏时相对动弹性模量和质量损失率均达到极限状态；100%ASC 经历 300 次冻融后只观察到表面层状剥离，到 300 次后质量损失率仍旧小于 5%，其内部微裂缝的发展非

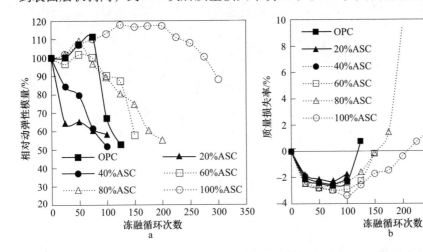

图 3-2　OPC 和 ASC 在冻融作用下的相对动弹性模量与质量损失率

a—相对动弹性模量；b—质量损失率

常缓慢。这主要是因为其内部分布的很多独立封闭性大孔的"卸压"作用，大孔内的水结冰形成的静水压和渗透压被独立大孔洞所抑制与释放。

由图 3-2 可知，水胶比为 0.55 的 ASC 经受冻融作用，20%ASC 与 40%ASC 抗冻性最差，而 OPC 与掺量 60%以上的 ASC 抗冻性依次增强，100%ASC 的抗冻性最好。从前面表 2-13 可知，6 种混凝土的 28 d 抗压强度逐渐减小，由于 ASC 的风积沙掺量在超过 60%以后，掺量越大则内部独立大孔隙越多，孔隙多则会降低混凝土的强度；而孔隙越多，孔隙间距减小，经历冻融时内部孔隙水结冰产生冻胀力的抑制效果就越好，因此抗冻性越来越好。掺量 40%以下的 ASC 由于抗冻性比 OPC 差，因此在这个掺量范围的 ASC 不宜用于寒区，掺量 60%以上的 ASC 抗冻效果明显。

3.1.1.3　破坏时 ASC 与 OPC 经历的冻融循环次数

OPC 破坏时可经历 125 次冻融循环，20%ASC 与 40%ASC 可经历 100 次，60%ASC 可经历 150 次，80%ASC 可经历 200 次，100%ASC 经历 300 次冻融循环时仍然没有破坏。如图 3-3 所示，随着风积沙掺量的增加，达到破坏时的 ASC 与 OPC 经历冻融循环次数之比逐渐提高，掺量在 40%以下的 ASC 比 OPC 的抗冻性差；掺量越大，ASC 抗冻性越好，在掺量达到 100%时抗冻性最好。ASC 冻融次数和 OPC 的冻融循环次数之比与风积沙掺量 C_{AS} 存在如下的关系：

$$N_{ASC}/N_{OPC} = 0.1143C_{AS}^2 - 0.2857C_{AS} + 0.96 \qquad (3-1)$$

式中，C_{AS} 为风积沙掺量，$C_{AS} \in (0,\ 1.0]$。

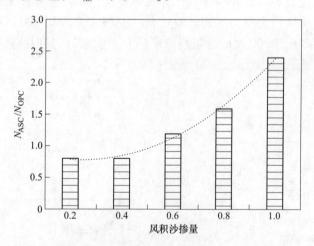

图 3-3　破坏时 ASC 与 OPC 经历冻融循环次数比值

3.1.2　ASC 在冻融作用下的损伤演化方程

按照损伤力学原理，混凝土在冻融等因素作用下的损伤失效过程，可用变量

D 表征其损伤失效规律，公式如下：

$$D = 1 - \frac{E_t}{E_0} = 1 - E_r \tag{3-2}$$

式中，D 为损伤变量；E_t、E_0 为测得的在 t 时刻和初始的混凝土动弹性模量；E_r 为相对动弹性模量，即可以采用相对动弹性模量来表达混凝土的冻融损伤失效过程。

当循环次数 $N=0$ 时，相对动弹性模量为 100%；按照耐久性规范，当相对动弹性模量 E_r 下降到 60% 时试验终止，构件失效。

按照图 3-2a 所示各 ASC 在经历冻融时的相对动弹性模量的变化曲线，发现这些曲线呈现两种类型：直线形、抛物线形或者直线-抛物线形[13]，即符合单段式损伤模式和双段式损伤模式。

3.1.2.1 单段式损伤模式

单段式损伤表示为[11,13]：

$$E_{rAS} = 0.5a_{AS}N^2 + b_{AS}N + 100 \tag{3-3}$$

式中，E_{rAS} 为 ASC 的相对动弹性模量；a_{AS}、b_{AS} 为与风积沙掺量有关的系数；N 为冻融循环次数。

A 损伤变化速度

（1）当系数 $a_{AS} \neq 0$ 时，损伤为抛物线形。在整个冻融损伤过程中，损伤变化速度为：

$$v_D = -\frac{\mathrm{d}D}{\mathrm{d}N} = -\frac{\mathrm{d}E_{rAS}}{\mathrm{d}N} = -(a_{AS} \cdot N + b_{AS}) \tag{3-4}$$

损伤初速度：

$$v_{D\,|\,N=0} = -b_{AS} \tag{3-5}$$

（2）当 $a_{AS} = 0$ 时，损伤为直线形，损伤变化速度为恒值。

B 损伤变化加速度

（1）当 $a_{AS} \neq 0$ 时，

$$a_D = -\frac{\mathrm{d}^2 D}{\mathrm{d}N^2} = -\frac{\mathrm{d}^2 E_{rAS}}{\mathrm{d}N^2} = -a_{AS} \tag{3-6}$$

（2）当 $a_{AS} = 0$ 时，

$$a_D = 0 \tag{3-7}$$

3.1.2.2 双段式损伤模式

双段式损伤表示为：

$$E_{rAS} = \begin{cases} \dfrac{1}{2}a_{AS} \cdot N^2 + b_{AS} \cdot N + 100 \\ c_{AS} \cdot N + d_{AS} \end{cases} \tag{3-8}$$

双段式损伤模式由一段抛物线与一段直线组成，抛物线与直线在 N_1 处的函数值相同，切点相同，即：

$$\begin{cases} \dfrac{1}{2}a_{AS} \cdot N_1^2 + b_{AS} \cdot N_1 + 100 = c_{AS} \cdot N_1 + d_{AS} \\ c_{AS} = a_{AS} \cdot N_1 + b_{AS} \end{cases} \qquad (3\text{-}9)$$

得到

$$N_1 = \frac{c_{AS} - b_{AS}}{a_{AS}} \qquad (3\text{-}10)$$

$$d_{AS} = 100 - \frac{(b_{AS} - a_{AS})^2}{2a_{AS}} \qquad (3\text{-}11)$$

因此，双段式损伤模式为：

$$E_{rAS} = \begin{cases} \dfrac{1}{2}a_{AS} \cdot N^2 + b_{AS} \cdot N + 100 & (\text{抛物线段}) \\[3mm] c_{AS} \cdot N + 100 - \dfrac{(b_{AS} - a_{AS})^2}{2a_{AS}} & (\text{直线段}) \end{cases} \qquad (3\text{-}12)$$

第一段损伤（$N < N_1$）为抛物线，损伤速度见式（3-4），损伤初速度见式（3-5），即 $v_{D\,|\,N=0} = -b_{AS}$，损伤加速度见式（3-6）。

第二段损伤（$N > N_1$）为直线，损伤为匀速损伤，损伤速度为：

$$v_D = -\frac{\mathrm{d}D}{\mathrm{d}N} = -\frac{\mathrm{d}E_{rAS}}{\mathrm{d}N} = -c_{AS} \qquad (3\text{-}13)$$

此时，损伤加速度为0。

3.1.2.3　ASC 在冻融作用下的损伤模型

由相对动弹性模量变化曲线规律可知，6组 ASC 的损伤都表现为单段式抛物线损伤模式。

按照式（3-3），该函数满足下列边界条件：当 $N=0$ 时，$E_{rAS} = 100$；在整个 $N \in [0, N]$ 内，$E_{rAS} \geqslant 60$。

各掺量 ASC 冻融后相对动弹性模量损伤演化方程见表3-1。

表 3-1　OPC 和 ASC 在冻融作用下的损伤演化方程

混凝土编号	损伤演化方程	损伤速度方程	损伤初速度	损伤加速度	R^2
OPC	$-0.0074N^2 + 0.52N + 100$	$0.0148N - 0.52$	-0.52	0.0148	0.8626
20%ASC	$0.008N^2 - 1.1904N + 100$	$-0.016N + 1.1904$	1.1904	-0.016	0.8548
40%ASC	$0.0001N^2 - 0.4966N + 100$	$-0.0002N + 0.4966$	0.4966	-0.0002	0.9792
60%ASC	$-0.0031N^2 + 0.22N + 100$	$0.0062N - 0.22$	-0.22	0.0062	0.8977
80%ASC	$-0.0016N^2 + 0.071N + 100$	$0.0032N - 0.071$	-0.071	0.0032	0.9504
100%ASC	$-0.0009N^2 + 0.25N + 100$	$0.0018N - 0.25$	-0.25	0.0018	0.9009

由表 3-1 可知，20%ASC 和 40%ASC 两种混凝土的损伤曲线是开口向上并不断下降的一段抛物线，损伤速度最快，100 次冻融循环后即达到破坏标志。其余 4 种混凝土的损伤初速度大小依次为 80%ASC<60%ASC<100%ASC<OPC，而损伤加速度依次为 100%ASC<80%ASC<60%ASC<OPC。在这 4 种混凝土中，OPC 的损伤速度和二次损伤加速度最大，损伤最快；掺量在 60%以上的 ASC，损伤速度都比较小，损伤加速度随着风积沙掺量的增加呈减小趋势。

3.1.3 ASC 在冻融作用下的微观结构

采用 SEM、XRD、NMR 与内部应变监测对 ASC 在经历冻融后的物相成分、微观组织和孔隙结构进行观测分析，从微细观角度解释并说明冻融后 ASC 的损伤机理。

3.1.3.1 ASC 经历 50 次冻融循环后的 SEM 形貌分析

如图 3-4 所示，经历 50 次冻融后的 3 组混凝土在集料与水化产物之间均能发现裂缝的存在，也都发现了针状物质钙矾石（AFt），但是掺量不同的 ASC 组织结构不同，20%ASC 的基体组织结构在 3 组混凝土中最为疏松，在基体内发现 AFt 晶体（见图 3-4a）；60%ASC 的基体结构紧密，集料周围完全被水化产物所包裹，明显可见板状 C-H 和周围包裹的针状和颗粒状 C-S-H（见图 3-4b）；而 100%ASC 在放大 100 倍后可看到基体内分布有尺寸大小范围为 $1\sim100$ μm 的独立型孔隙，属于大孔范畴，大孔内可见不断生长发育的 AFt 晶体和 C-S-H，并且可见孔隙内的 AFt 晶体和孔隙周边基体组织生长结合较好（见图 3-4c）。ASC 经过冻融后在内部与表面形成了很多裂纹，这些裂纹最终在表面形成裂纹网，为水进入混凝土提供通道，客观上为 AFm 转变为 AFt 提供了条件。

初始冻融阶段，AFt 相的增加密实了混凝土结构；随着冻融循环次数的增加，内部冻胀力导致微裂纹与微孔不断扩展，掺量在 60%以上的 ASC 冻融后不仅表现为表面的层状剥蚀，也表现为相对动弹性模量先增加后减小，证明内部的损伤逐渐在加剧。100%ASC 内部分布有大量的独立大孔，虽然水化初期与经过冻融后混凝土内部也有一定的微裂纹，由于独立大孔的缓冲作用使这些微裂纹不会进一步发展，只是在表面形成一定的裂纹并形成裂纹网导致表层剥蚀，表现为 300 次冻融后质量损失率达到 5%，而相对动弹性模量却下降很少。

3.1.3.2 ASC 经历 50 次冻融循环后的 NMR 孔结构分析

如图 3-5a 所示，50 次冻融后的 ASC 核磁共振 T_2 谱主要表现为 4 个峰值，6 组混凝土的 T_2 谱特征趋于一致，且 4 个峰值的信号强度存在较大差异。比较发现，100%ASC 首峰面积小于其他混凝土，第二、三峰面积逐渐增大，说明此时内部小孔数量普遍小于其他掺量的混凝土，大孔所占比例更大。20%~80%ASC 随着风积沙掺量的增加，首峰面积依次为 40%ASC>20%ASC>80%ASC>60%ASC，

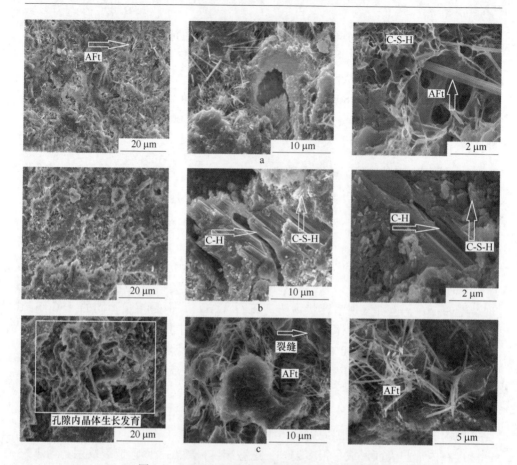

图 3-4　ASC 经历 50 次冻融循环后的 SEM 形貌

a—20%ASC 冻融 50 次；b—60%ASC 冻融 50 次；c—100%ASC 冻融 50 次

首峰所占比例依次为 80%ASC>20%ASC>60%ASC>40%ASC，表明在相应的混凝土内小孔数量 80%ASC 最多，80%ASC 内部不同的孔隙数量也较其他几种混凝土的多，60%ASC 的内部孔隙无论是数量还是总体占比都是比较少的，因此 60%ASC 组织结构最为致密。

如图 3-5b 所示，ASC 内部的孔径大小分布主要有 0.01~1.0 μm、1.0~5.0 μm、5~50 μm 和 50~200 μm 四种。6 组混凝土的孔隙尺寸以 0.01~1.0 μm 为主，0.1 μm 左右的孔隙数量最多，1 μm 以上的孔隙数量增多。20%~40%ASC 的各个范围孔隙数量都比较多，四种孔隙范围分布中 40%ASC 占比最大，损伤程度较大。100%ASC 包含的 0.01~1.0 μm 孔隙最少，说明 100%ASC 在经历 50 次冻融后内部的损伤程度最小，其他掺量的 ASC 均出现了不同程度的损伤，表现为首峰信号强度均高于 100%ASC。因此，提高风积沙掺量可以改善孔隙结构组成，缓解混凝土内部裂纹的继续发展，提高混凝土的抗冻性能。

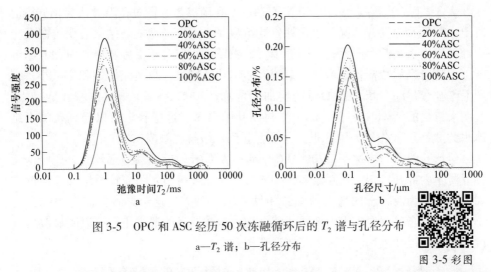

图 3-5 OPC 和 ASC 经历 50 次冻融循环后的 T_2 谱与孔径分布

a—T_2 谱;b—孔径分布

图 3-5 彩图

图 3-6 所示为 80%ASC 和 100%ASC 在经历 50 次、75 次冻融时的孔隙结构变化,在两种 ASC 分别经历 50 次、75 次冻融后的孔隙尺寸以 0.01~0.7 μm 为主,0.1 μm 左右的孔隙数量最多,孔隙结构差异不明显,80%ASC 的小孔较 100%ASC 的多,大孔数量少于 100%ASC。在冻融到 75 次循环后,80%ASC 的孔隙尺寸以 0.07~1.0 μm 为主,两种 ASC 内部孔隙结构已显著不同,80%ASC 各级别的孔隙数量都比 100%ASC 的多,而且还出现了新的峰值,说明 80%ASC 经历 75 次循环后内部损伤比 100%ASC 大。由于毛细孔内水结冰产生静水压和渗透压使混凝土的裂缝继续发展,因此孔隙尺寸增大;100%ASC 以 0.01~0.7 μm 为主的孔隙尺寸含量减少,因其内部分布有更多独立的封闭性大孔隙,开口孔隙内的水结冰导致的冻胀力能部分或全部被大孔隙所吸收,混凝土内部损伤得到有效抑制。

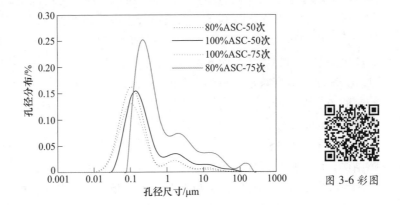

图 3-6 彩图

图 3-6 80%ASC 和 100%ASC 经历 50 次和 75 次冻融循环后的孔径分布

　　表 3-2 为 6 组混凝土经历 50 次冻融后的孔隙参数，通过孔隙参数变化分析混凝土内部的孔隙发育情况，依次评价 6 组混凝土的抗冻性能。结果表明，混凝土内部的自由水是赋存于大孔与裂缝中，而束缚水是赋存于毛细孔内。对比 6 组混凝土，随着风积沙掺量的增加，束缚流体饱和度增加，自由流体饱和度减小，表明毛细孔数量随着风积沙掺量的增加而增加；100%ASC 束缚流体饱和度最大，表明大掺量的 ASC 内部含有的独立封闭孔隙最多，这些孔隙可以起到孔隙中结冰水的"卸压"作用，因此很大程度上起到了缓解冻融损伤。

　　对比孔隙度与渗透率，20%ASC 和 40%ASC 孔隙度、渗透率较大，说明这两种混凝土内部开口型大孔隙较多；60%ASC 孔隙度偏小，随着掺量增加孔隙度增加，这是因为混凝土内部的独立封闭性孔隙数量多，这也导致其渗透率越来越小。因此，合理的混凝土内部的孔隙结构，低渗透率的混凝土，可以明显改善其抗冻性能，提高风积沙掺量对其抗冻性越有利。

表 3-2　OPC 和 ASC 经历 50 次冻融循环后的孔隙度与渗透率

混凝土编号	束缚流体饱和度/%	自由流体饱和度/%	孔隙度/%	渗透率/mD
OPC	85.29	14.71	2.871	1.792
20%ASC	82.12	17.88	3.062	7.354
40%ASC	83.77	16.23	3.741	2.066
60%ASC	85.15	14.85	2.082	2.007
80%ASC	88.59	11.41	2.442	0.589
100%ASC	89.11	10.89	2.551	0.28

3.1.4　ASC 在冻融作用下基于应变监测的损伤分析

　　采用 2.5.2.6 小节应变测试仪器、测试手段，得到 OPC 与 ASC 在第 8 次冻融循环时应变随温度的变化曲线，如图 3-7 所示。应变随时间先减小后增大，在冻结阶段，温度下降，但是初始水温与混凝土内部温度导致混凝土内部孔隙内冰继续融化，内部应力减小，应变先降低；随着温度继续下降，大孔内的水先结冰，产生静水压与渗透压，应变增大；温度升高混凝土内部孔隙冰又逐渐融化，冻结应力减小，应变减小。一个冻融循环结束时，混凝土内部的应变较冻融循环开始时的应变大，即混凝土内部由于冻融产生了不可逆转的损伤，不可逆转的损伤导致风积沙混凝土基体的变形量逐渐变大。

　　掺量小于 60%ASC 的应变比 80%ASC 的大，但大掺量 ASC 能够抑制损伤的孔隙结构，因此损伤反而比低掺量的 ASC 小。孔隙冻融时基体中必定会产生大量微小裂纹，混凝土内部因为在搅拌时引入、吸入或者自身材料原因导致含有大量气孔，因此，微小裂纹被气孔阻断，混凝土经历反复冻融到一定程度后才会彻底破坏。

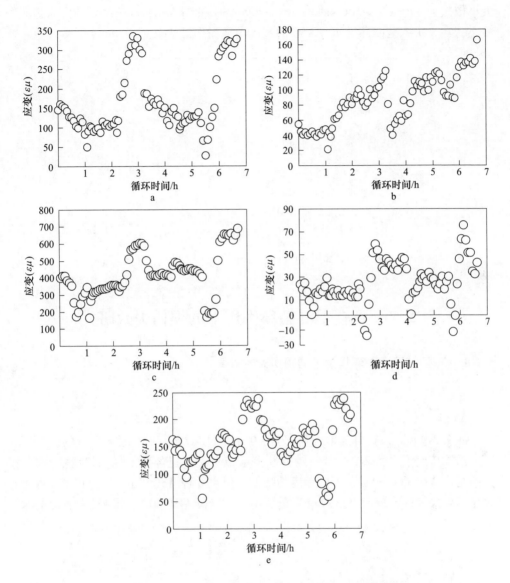

图 3-7 OPC 和 ASC 第 8 次冻融作用时应变随时间的变化

a—OPC；b—20%ASC；c—40%ASC；d—80%ASC；e—100%ASC

设计强度等级为 C25 的混凝土弹性模量为 28 GPa，抗拉强度为 1.27 MPa，则混凝土的极限拉应变为 45.4×10^{-6}。图 3-8 所示，经过 8 次循环，除 60%ASC 数据剔除外，5 组混凝土的残余应变（ε）分别为 299×10^{-6}、129×10^{-6}、519×10^{-6}、85×10^{-6}、177×10^{-6}，说明 6 种混凝土在第 8 次冻融循环作用下内部产生的应力足以导致基体出现裂纹，经过相同的冻融循环作用，几组混凝土的残余应变大小依次为 40%ASC>OPC>100%ASC>20%ASC>80%ASC，80%ASC 的残余应变最小，在 8 次冻融循环后 40%ASC 的基体内部损伤最严重。

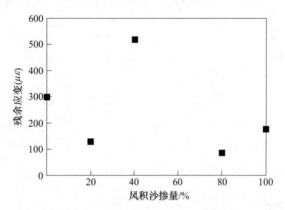

图 3-8　OPC 和 ASC 经历 8 次冻融循环后残余应变随风积沙掺量的变化

3.2　ASC 在干湿循环作用下的损伤失效研究

3.2.1　ASC 在干湿循环作用下的损伤失效规律

3.2.1.1　60 ℃干湿循环

A　破坏现象

如图 3-9 所示，6 组 ASC 分别经历 60 次、110 次 60 ℃干湿循环后的破坏现象。第 110 次干湿循环后的相对动弹性模量 20%ASC 已经降低到初始值的 60%，其他几种 ASC 也均出现了不同程度的降低，但是 6 种 ASC 经过 60 次和 110 次干湿循环后未发现有表面剥落现象和裂缝出现，干湿循环 60 次后混凝土表面的水

a　　　　　　　　　　　　　　　　　　　b

图 3-9　ASC 在 60 ℃干湿循环作用下的破坏现象

a—60 次；b—110 次

泥薄膜光滑如初，干湿循环 110 次后也只是水泥薄膜消失，即风积沙混凝土经历干湿循环后只是表现为内部损伤导致相对动弹性模量降低。

在干湿循环过程中由于孔隙内水蒸发产生蒸汽压，蒸汽压导致混凝土内部出现微小裂缝，在接近混凝土表面时蒸汽压迅速通过孔隙通道释放。因此，60 ℃干湿循环作用下 ASC 的表面损伤非常小，主要表现为内部损伤。

B 质量损失率与相对动弹性模量

由图 3-10a 所示，ASC 经过 60 ℃干湿循环，其 E_r 变化规律表现为：先快速下降，然后缓慢上升，再缓慢下降直至达到破坏标志。这说明在干湿循环作用下，前 30 次干湿循环作用下 ASC 内部损伤比较快；随着干湿循环次数增加，混凝土表面和内部由于温度、湿度变化发生二次水化，晶体 C-H 周围包裹填充更多的 C-S-H 凝胶体，组织结构变得更密实，结构强度继续增强，因此表现为相对动弹性模量缓慢上升。随着干湿循环次数继续增加，蒸汽压造成裂缝出现并发展，损伤加剧，相对动弹性模量逐渐下降直至破坏。

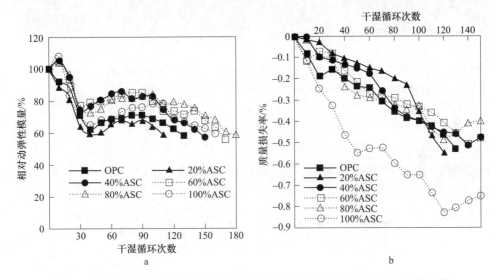

图 3-10 OPC 和 ASC 在 60 ℃干湿循环作用下的相对动弹性模量与质量损失率

a—相对动弹性模量；b—质量损失率

由图 3-10b 所示，ASC 在干湿循环作用下，从开始到破坏阶段，其质量始终处于增加状态，质量变化规律一致，100%ASC 在干湿循环过程中质量增加的最多。可见，干湿循环作用下孔隙中的水反复吸收与蒸发，蒸汽扩散过程中在孔隙内产生膨胀压使 ASC 产生损伤，产生裂缝，孔隙率增加，试块称重时由于裂缝内保持充水状态，因此，质量损失率始终保持负值。ASC 在 60 ℃干湿循环过程中伴随其损伤过程中完全没有表层脱落现象，也没有观察到表面有裂缝出现；说明其蒸汽压反复作用下，混凝土内部即使裂缝在不断发展，但始终没有扩展到表层。

3.2.1.2 100 ℃干湿循环

A 破坏现象

图 3-11 所示为不同风积沙掺量的混凝土在经历 10 次 100 ℃干湿循环后的外观，6 组混凝土经历 100 ℃干湿循环作用，未出现表层剥落现象。在整个干湿循环试验过程中，混凝土的外观完整性与试验前几乎相同，说明 OPC 与 ASC 经历不同温度的干湿循环作用，其破坏原因来自内部，是孔隙水在高温蒸发过程中形成的蒸汽压，较大的蒸汽压导致混凝土内部很快出现裂缝，当裂缝扩展最终延伸到表面时形成贯穿裂缝，混凝土已经破坏。

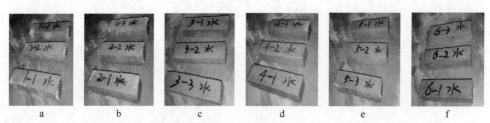

图 3-11   OPC 和 ASC 经历 10 次 100 ℃干湿循环后的破坏现象

a—OPC；b—20%ASC；c—40%ASC；d—60%ASC；e—80%ASC；f—100%ASC

B 质量损失率与相对动弹性模量

由图 3-12 所示，OPC 和 ASC 经过 100 ℃干湿循环，其 E_r 变化规律表现为：6 组混凝土在经过 20 次干湿循环后相对动弹性模量下降到 60%（见图 3-12a），即 ASC 在经历高温反复干湿循环后其内部损伤加剧，直至破坏。6 组混凝土经过

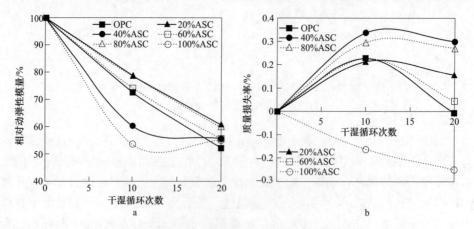

图 3-12   OPC 和 ASC 在 100 ℃干湿循环作用下的相对动弹性模量与质量损失率

a—相对动弹性模量；b—质量损失率

100 ℃ 干湿循环后，掺量为 80% 及以下的 ASC 其质量损失率始终为正值（见图 3-12b）；100%ASC 在 20 次循环期内质量一直保持线性增加，即说明损伤后的质量始终比初始质量要大，ASC 在 100 ℃ 干湿循环损伤的整个过程中没有明显发生表面的层状剥落，测得的质量仍然比初始值高，主要是由于内部新出现部分微小裂缝，裂缝内蕴含水导致质量会有微弱增加。

3.2.1.3 破坏时 ASC 与 OPC 经历 60 ℃ 与 100 ℃ 干湿循环次数

6 组混凝土在破坏时经历 60 ℃ 干湿循环次数分别为 130 次、110 次、150 次、170 次、180 次和 160 次，经历 100 ℃ 干湿循环次数均为 20 次。

通过图 3-13 看出，在 60 ℃ 条件下，风积沙掺量大于 20% 的 ASC 经历干湿循环次数均高于 OPC；破坏前风积沙掺量在 60% 以上的 ASC 经历干湿循环次数较高，100%ASC 并不是经受干湿循环次数最高的，依次为 80%ASC > 60%ASC > 100%ASC，说明 80%ASC 经受干湿循环的能力较好；而 100 ℃ 条件下时的 ASC 与 OPC 经历干湿循环作用次数并没有差异。拟合得到 ASC 和 OPC 的抗干湿循环次数比值与风积沙掺量 C_{AS} 存在如下关系：

$$N_{ASC}/N_{OPC} = -0.0714C_{AS}^2 + 0.5286C_{AS} + 0.3846 \qquad (3\text{-}14)$$

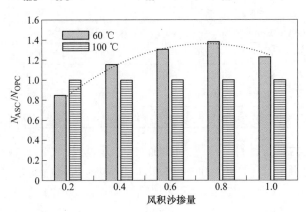

图 3-13 破坏时 ASC 与 OPC 经历 60 ℃ 和 100 ℃ 干湿循环次数比值

3.2.2 ASC 在 60 ℃ 干湿循环作用下的损伤演化方程

由图 3-12a 可知，6 组混凝土在 60 ℃ 干湿循环作用下的相对动弹性模量的损伤为双段式损伤模式，由 3.1.2.2 小节给出的式（3-12）可得：

$$E_{rAS} = \begin{cases} a_{AS}N + 100 & (N \leqslant N_1) \\ \dfrac{1}{2}b_{AS}N^2 + c_{AS}N + 100 + \dfrac{(c_{AS} - a_{AS})^2}{2b_{AS}} & (N \geqslant N_1) \end{cases}$$

其中，$N_1 = \dfrac{a_{AS} - c_{AS}}{b_{AS}}$。

上述方程满足下列基本条件：
$$N = 0, E_{rAS} = 100; N \in [0, N], E_{rAS} \geqslant 60$$
式中，a_{AS} 为第一阶段的损伤速度；$-(b_{AS}N + c_{AS})$ 为第二阶段的损伤速度；b_{AS} 为二次损伤加速度。

因此，OPC 和 ASC 在 60 ℃干湿循环作用下的损伤演化方程见表 3-3。

表 3-3　OPC 和 ASC 在 60 ℃干湿循环作用下的损伤演化方程

混凝土编号	损伤演化方程		损伤速度及其方程	损伤初速度	损伤加速度	R^2
OPC	$-0.82N + 100$	$(N \leqslant 40)$	0.82	0.82	0	0.9001
	$0.0051N^2 + 0.82N + 62.182$	$(N \geqslant 40)$	$0.0102N - 0.82$	-0.82	0.0102	0.9853
20%ASC	$-1.48N + 100$	$(N \leqslant 50)$	1.48	1.48	0	0.9165
	$-0.0095N^2 + 1.48N + 60.22$	$(N \geqslant 50)$	$0.0190N - 1.48$	-1.48	0.0190	0.9144
40%ASC	$-0.67N + 100$	$(N \leqslant 40)$	0.67	0.67	0	0.5699
	$-0.0047N^2 + 0.67N + 76.78$	$(N \geqslant 40)$	$0.0094N - 0.67$	-0.67	0.0094	0.9442
60%ASC	$-0.6N + 100$	$(N \leqslant 40)$	0.6	0.6	0	0.7379
	$-0.0033N^2 + 0.6N + 78.982$	$(N \geqslant 40)$	$0.0066N - 0.6$	-0.6	0.0066	0.9652
80%ASC	$-0.4N + 100$	$(N \leqslant 40)$	0.4	0.4	0	0.6282
	$-0.0027N^2 + 0.4N + 72.732$	$(N \geqslant 40)$	$0.0054N - 0.4$	-0.4	0.0054	0.9143
100%ASC	$-0.83N + 100$	$(N \leqslant 40)$	0.83	0.83	0	0.7548
	$0.0044N^2 + 0.83N + 65.147$	$(N \geqslant 40)$	$0.0088N - 0.83$	-0.83	0.0088	0.8481

6 组混凝土的损伤都符合双段式损伤特性，即直线形-抛物线形损伤，损伤开始增加了一个线性下降阶段。20%ASC 以 1.48 的损伤初速度匀速损伤，然后干湿作用到 50 次循环后，继续以 1.48 的损伤初速度和 0.019 的损伤加速度进行二次损伤，损伤程度最严重；80%ASC 的损伤初速度与损伤加速度都最小，其损伤程度最轻；其余混凝土的损伤速度依次为 60%ASC<40%ASC<OPC<100%ASC，损伤加速度依次为 60%ASC<100%ASC<40%ASC<OPC。这说明 ASC 并不是掺量越大抗干湿循环的能力越强，比较发现 80%ASC 抗干湿循环作用能力较好，掺量 20%及以下的 ASC 较差。

3.2.3　ASC 经历 10 次干湿循环后的 NMR 孔结构分析

由图 3-14a 所示，各 ASC 在经过 10 次干湿后的 T_2 谱分布曲线表现为 3~4 个峰值，峰值差异较大；掺量为 40%、60%、80% 的 ASC T_2 谱首峰较大，其他峰值较低，说明这 3 种掺量的 ASC 在经过 10 次干湿循环后混凝土内部裂缝发育发展程度接近。

由 T_2 谱曲线发现只有 OPC 和 100%ASC 出现了第四峰值，即 OPC 和 100% ASC 在经历干湿循环后其内部出现了更大的孔隙。100%ASC 首峰面积小于其他混凝土，第二、三峰面积逐渐增大，OPC 首峰面积大于 100%ASC，但都小于其他掺量的 ASC，内部小孔的数量也普遍小于其他掺量的混凝土，大孔所占比例更大。这说明经过 10 次干湿循环后混凝土内部原有独立大孔隙内水分蒸发产生的膨胀压导致劣化发展的程度最大，即 100%ASC 在干湿循环作用下的损伤最严重。OPC 的损伤程度介于全掺量的 ASC 与其他掺量的 ASC 之间，80%ASC 抗干湿循环作用能力较好。

40%~80%ASC 首峰面积依次为 80%ASC>40%ASC>60%ASC，首峰占比依次为 40%ASC>60%ASC>80%ASC，虽然 80%ASC 内部的小孔隙相对数量比 40% ASC 和 60%ASC 的少，但是绝对数量多；而 60%ASC 由于自身孔隙结构较为致密，干湿循环过程中较小的蒸汽压造成损伤裂缝也较少。因此，80%ASC 抗干湿循环的能力较好。

由图 3-14b 所示，掺量在 40%~80%ASC 的孔隙包括 0.01~0.4 μm、0.4~ 4.0 μm、4.0~20 μm 的孔，以 0.01~0.4 μm 的孔为主；而 OPC 内部则包括 0.01~0.8 μm、0.8~4.8 μm、4.8~48 μm 和 48~200 μm 的孔，以 0.01~0.8 μm 的孔为主，其他范围孔隙含量也高于掺量在 40%~80%ASC 的孔隙；100%ASC 内的孔有 0.01~70 μm 和 70~210 μm，大部分孔径分布在 0.01~70 μm，并且出现了更大范围的孔隙。因此可以发现，OPC 和 100%ASC 内部大孔隙与裂缝数量最多，在反复干湿循环作用下，大孔隙内水蒸发产生较大蒸汽压会加速混凝土的损伤。

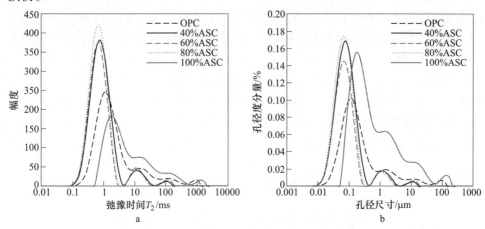

图 3-14 OPC 和 ASC 经历 10 次干湿循环后的 T_2 谱与孔径分布

a—T_2 谱；b—孔径分布

表 3-4 为 5 组混凝土经过 10 次干湿循环后的孔隙参数，通过 4 个参数的变化来分析 ASC 经历干湿循环后混凝土内部的孔隙发育情况，并评价 ASC 的抗干湿循环作用能力。对比 5 组混凝土，40%~80%ASC 的束缚流体饱和度与自由流体饱和度变化不大，表明在反复干湿循环作用下，该掺量范围的 ASC 内部新出现的微小裂纹与微孔差异不大；OPC 的自由流体饱和度比 40%~80%ASC 的变化明显，表明 OPC 在反复干湿循环作用下出现了更多裂缝；100%ASC 自由流体饱和度最大，干湿循环作用下出现较多微裂纹并不断扩展。

表 3-4　OPC 和 ASC 经历 10 次干湿循环后的孔隙度与渗透率

混凝土编号	束缚流体饱和度/%	自由流体饱和度/%	孔隙度/%	渗透率/mD
OPC	84.73	15.27	1.773	0.321
40%ASC	94.32	5.68	2.272	0.087
60%ASC	93.56	6.44	1.867	0.09
80%ASC	94.58	5.42	2.238	0.057
100%ASC	67.44	32.56	3.166	3.425

对比孔隙度与渗透率发现，40%~80%ASC 的孔隙度比 OPC 的大，渗透率偏小，100%ASC 孔隙度最大，渗透率最大。40%~80%ASC 在经过 10 个干湿循环后，原有的孔隙和裂缝没有显著的发展发育，但 OPC 和 100%ASC 经历干湿循环后内部孔隙均有发展。

与冻融所表现出的特征不同，100%ASC 的抗干湿循环性能并不是最好，说明 ASC 在干湿循环作用下的损伤机理不同于冻融作用，独立孔隙内的水在高温下转变成蒸汽，体积膨胀，产生膨胀压。但是这种空间内的蒸汽在杂乱无章的运动过程中会再次接触液体，会有部分蒸汽分子被液体分子吸引而重新回到液体中，因此会在一定时间内蒸发与凝结处于一种动平衡状态，此状态下空间中的蒸汽分子不再增加，成为饱和状态，液体和蒸汽分别被称为饱和液体和饱和蒸汽。当干燥箱温度继续保持，这种平衡状态会被迅速打破，水蒸气和水再次分离，空间内的蒸汽大幅提升产生膨胀压，独立孔洞越多反而会产生较大的膨胀压。因此，在干湿循环作用下混凝土的损伤主要是由膨胀压造成的，100%ASC 较大膨胀压造成内部损伤比 60%ASC 和 80%ASC 严重。

3.3　本 章 小 结

通过 ASC 冻融、干湿循环单因素耐久性试验，结果表明：

（1）冻融试验中，风积沙掺量小于或等于 40% 的 ASC 经历 100 次循环即达到破坏，60%ASC 可经历 150 次，80%ASC 可经历 200 次，100%ASC 经历 300 次冻融循环仍然没有破坏。冻融作用过程中，掺量小于 60% 的 ASC 由于静水压出现表面剥蚀、裂缝，而掺量大于或等于 60% 的 ASC 只观察到表面剥蚀现象，80% ASC 破坏时质量损失率和相对动弹性模量均达到破坏标志。风积沙掺量为 20% ASC 与 40% ASC 抗冻性最差，掺量大于或等于 60% 的 ASC 抗冻性依次增强，100% ASC 的抗冻性最好。

（2）经过 50 次冻融后，ASC 的孔隙分布主要有 $0.01 \sim 1.0$ μm、$1.0 \sim 5.0$ μm、$5 \sim 50$ μm 和 $50 \sim 200$ μm 四种，孔隙尺寸以 $0.01 \sim 1.0$ μm 为主，0.1 μm 左右的孔隙数量最多；掺量为 20%~40% 的 ASC 各范围孔隙数量都较多，孔隙度较大，渗透率也较大，说明损伤程度较大；60% ASC 的孔隙度较小，掺量大于 60% 后 ASC 的孔隙度逐渐增加，渗透率逐渐减小；100% ASC 包含的 $0.01 \sim 1.0$ μm 孔隙最少，虽然孔隙度最大但渗透率最小，100% ASC 较多独立封闭大孔隙抑制与阻碍了混凝土的冻融损伤，其内部损伤程度最小。

（3）ASC 在经历干湿循环过程中没有出现表层脱落，质量始终在保持增长，相对动弹性模量随着循环次数的增加逐渐减小，随着干湿循环温度的升高，减小的趋势更快；6 组混凝土干湿循环损伤都符合双段式损伤特性，先出现一个快速线性下降过程，然后是开口向下的抛物线形损伤过程（先上升后下降）。

（4）掺量在 60%~80% ASC 的孔隙以 $0.01 \sim 0.4$ μm 孔为主，而 OPC 以 $0.01 \sim 0.8$ μm 孔为主，100% ASC 孔径分布在 $0.01 \sim 70$ μm，出现了更大范围的孔隙。这说明 60%~80% ASC 经过 10 次干湿循环，原有的孔隙和裂缝没有显著的发育发展。

（5）ASC 的干湿循环损伤主要是由孔隙内蒸汽压产生，并非掺量越大 ASC 的抗干湿循环能力越强，80% ASC 内部大孔隙比 100% ASC 的少，孔隙内蒸汽产生的膨胀压就小，因此 80% ASC 具有较好的抗干湿循环作用能力。

4   ASC 在双因素作用下的损伤失效研究

水文、地质资料显示内蒙古、西藏和新疆地区的土壤、地下水中含有大量的硫酸盐、氯盐、碳酸盐和镁盐等[133-134]。在西北、华北地区的水利设施遭受冻融、干湿作用的同时，还受到水中、土中各种易溶盐的腐蚀作用，比如寒冷地区撒除冰盐的机场、路面、港口、近海工程，以及西北地区盐湖环境中混凝土结构的破坏均为这种典型的盐腐蚀+冻融破坏。南方地区位于水位线附近的海工结构物经常经历干湿循环+盐腐蚀双因素破坏；北方地区早晚、季节性温差大，水工构筑物经常遭受冻融+干湿循环双因素破坏作用。因此，这些构筑物破坏程度比单纯经历冻融或干湿循环作用大数倍。

基于中国西北部靠近沙漠或地处沙漠腹地的混凝土工程实际工作环境，试验考虑了盐腐蚀+冻融循环、盐腐蚀+干湿循环和冻融+干湿循环 3 种双因素耦合作用，研究 ASC 在双因素作用下的损伤失效规律与失效机理。

4.1   ASC 在盐蚀+冻融双因素作用下的损伤失效研究

4.1.1   ASC 在盐蚀+冻融双因素作用下的损伤失效规律

4.1.1.1   破坏现象

图 4-1 所示为 ASC 在氯盐环境下经历 75 次冻融后的外观，明显发现掺量小于 60% 的 ASC 在盐腐蚀+冻融双因素作用下出现表面剥落、棱角缺损现象，随着循环作用次数增大内部裂缝逐渐发展到表面，这种退化现象是盐结晶压、结冰压

图 4-1   ASC 经历 75 次氯盐腐蚀+冻融循环后的破坏现象

耦合作用的结果；掺量大于或等于 60% 的 ASC 只出现表面剥蚀现象，剥蚀速度随着风积沙掺量的增加越来越慢，并未发现由内到外的裂缝。

4.1.1.2 质量损失率与相对动弹性模量

图 4-2 所示为 ASC 经历盐腐蚀+冻融双因素作用后的质量损失率与相对动弹性模量变化。除了风积沙掺量为 20%~60% ASC 在复合盐溶液中质量始终在减小，其他混凝土质量均表现为先增加后减小（见图 4-2）。由于冻融导致孔隙内水结冰，使孔隙中盐浓度增大，盐类析出并结晶，结晶体不断填充孔隙，而随着盐腐蚀+冻融继续进行，混凝土盐结晶导致损伤的负效应大于正效应，在盐结晶压与静水压的双重作用下加剧表层剥落现象，质量损失率先增加后减小。

在 3 种盐溶液中，ASC 受盐腐蚀+冻融双因素作用后的相对动弹性模量随循环次数的变化，ASC 相对动弹性模量下降速度随着风积沙掺量的增加而减小（见图 4-2a 和 b）；OPC 的相对动弹性模量下降速度慢于 20% ASC 和 40% ASC，而 80% ASC 的下降速度在氯盐溶液中快于 60% ASC 与 OPC，在复合盐溶液与硫酸钠溶液中下降均慢于 60% ASC（见图 4-2c）；100% ASC 在 3 种盐溶液中相对动弹性模量下降速度缓慢。ASC 在盐溶液中经历冻融，冻融初期由于混凝土内部水结冰孔隙内盐溶液浓度升高导致盐结晶填充孔隙，结构更加密实，以及微小孔隙内部溶液的冰点降低导致抑制损伤的正效应大于盐结晶导致损伤的负效应，而冻融后期盐结晶损伤负效应大于冰点降低引起的正效应导致损伤程度加剧，其相对动弹性模量均表现为先增加后减小。

双因素作用下的 ASC 损伤是盐结晶压与结冰压耦合作用的结果。盐结晶导致试验初期混凝土质量增加，而随着循环次数的增加，在结晶压和结冰压的共同作用下，损伤加剧，裂缝不断发展，并且扩展到混凝土表面，形成裂纹网，最终导致混凝土质量损失率和相对动弹性模量的下降。

OPC 和 ASC 在 3 种盐溶液中冻融后的损伤程度随风积沙掺量的不同而不同，相比掺量在 60% 以下的 ASC，掺量大于 60% 的 ASC 抗盐腐蚀+冻融作用能力明显提高，100% ASC 的抗盐腐蚀+冻融性能最好。

4.1.1.3 破坏时 ASC 与 OPC 经受盐腐蚀+冻融循环次数

在复合溶液与硫酸钠溶液中，破坏时掺量小于 80% 的 ASC 经受盐腐蚀+冻融循环次数均为 100 次，80% ASC 在两种盐溶液中分别可经受 125 次、150 次；在氯化钠溶液中，20% ASC、40% ASC 和 80% ASC 均可经受 100 次，OPC 可经历 125 次，60% ASC 可经受 150 次；在 3 种盐溶液中 100% ASC 均经受了 250 次盐腐蚀+冻融循环。如图 4-3 所示，在复合盐溶液和 Na_2SO_4 溶液中 OPC 与掺量在 60% 以下 ASC 的经受盐腐蚀+冻融循环次数没有差异，但是风积沙掺量超过 60% 以后，随着风积沙掺量的提高，ASC 经历盐腐蚀+冻融循环次数越来越高；在 NaCl 溶液中发现只有 60% ASC 和 100% ASC 经受盐腐蚀+冻融循环次数高于 OPC。

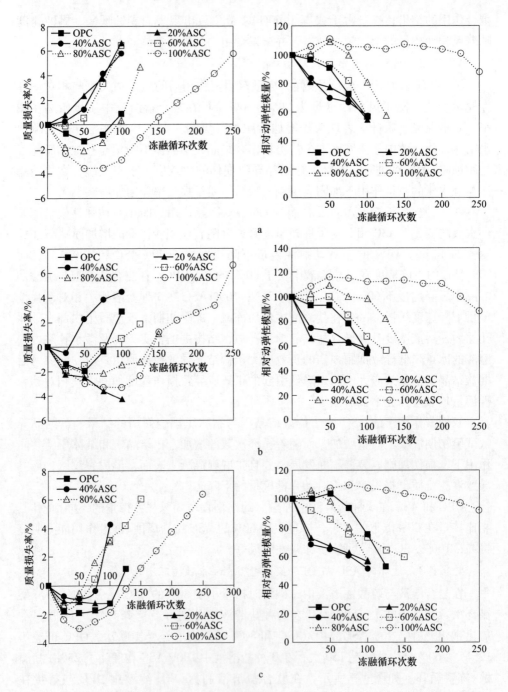

图 4-2　OPC 和 ASC 在盐腐蚀+冻融双因素作用下的质量损失率与相对动弹性模量变化

a—在 3.85%（Na_2SO_4+NaCl）溶液中冻融；b—在 5.0% Na_2SO_4 溶液中冻融；c—在 3.5% NaCl 溶液中冻融

因此，在3种盐溶液中均表现为100%ASC的抗盐腐蚀+冻融能力最好。3种盐溶液中ASC与OPC的经历盐腐蚀+冻融循环次数比值与风积沙掺量C_{AS}的关系式分别为：

复合盐（Na_2SO_4+NaCl）溶液中：

$$N/N_{OPC} = 0.1964C_{AS}^2 - 0.8536C_{AS} + 1.75 \qquad (4-1)$$

Na_2SO_4溶液中：

$$N_{ASC}/N_{OPC} = 0.1429C_{AS}^2 - 0.5071C_{AS} + 1.4 \qquad (4-2)$$

NaCl盐溶液中：

$$N_{ASC}/N_{OPC} = 0.1143C_{AS}^2 - 0.4457C_{AS} + 1.2 \qquad (4-3)$$

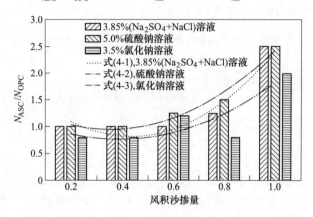

图4-3　破坏时ASC与OPC在盐腐蚀+冻融双因素下作用下经历的循环次数比值

4.1.2　ASC在盐蚀+冻融双因素作用下的损伤失效方程

ASC在盐腐蚀+冻融双因素作用下相对动弹性模量的损伤均符合单段式损伤，即抛物线形损伤模式。由表4-1可知，在复合盐腐蚀+冻融作用下，其ASC的损伤特点为：20%ASC和40%ASC的损伤方程是开口向上并不断下降的一段抛物线，100次盐腐蚀+冻融后达到破坏标志。其他几组混凝土的损伤初速度均为负，说明其开始经受盐腐蚀+冻融作用时动弹性模量在增加，100%ASC损伤加速度最小并且抵抗盐冻耦合作用的能力最好。

表4-1　OPC和ASC在3.85%（Na_2SO_4+NaCl）溶液腐蚀+冻融双因素
作用下的损伤演化方程

混凝土编号	损伤演化方程	损伤速度方程	损伤初速度	损伤加速度	R^2
OPC	$-2.429N^2+3.3361N+100$	$4.858N-3.3361$	-3.3361	4.858	0.9928
20%ASC	$-0.6913N^2-5.4326N+100$	$1.3826N+5.4326$	5.4326	1.3826	0.929
40%ASC	$-0.2691N^2-7.4589N+100$	$0.5382N+7.4589$	7.4589	0.5382	0.9186

续表 4-1

混凝土编号	损伤演化方程	损伤速度方程	损伤初速度	损伤加速度	R^2
60%ASC	$-2.731N^2+5.4998N+100$	$5.462N-5.4998$	-5.4998	5.462	0.9772
80%ASC	$-2.628N^2+9.1999N+100$	$5.256N-9.1999$	-9.1999	5.256	0.9034
100%ASC	$-0.3733N^2+3.4547N+100$	$0.7466N-3.4547$	-3.4547	0.7466	0.707

表 4-2 中，ASC 在 Na_2SO_4 溶液中经历冻融，20%ASC 和 40%ASC 损伤方程是开口向上不断下降的抛物线，损伤速度最快，经历 100 次盐腐蚀+冻融循环即达到破坏。其他几组混凝土的初始损伤速度均为负，说明其开始经受盐腐蚀+冻融作用时相对动弹性模量在增加，损伤加速度依次为：100%ASC<60%ASC<80%ASC<OPC，100%ASC 抗盐腐蚀+冻融耦合作用的能力最好。

表 4-2　OPC 和 ASC 在 5%Na_2SO_4 溶液腐蚀+冻融双因素作用下的损伤演化方程

混凝土编号	损伤演化方程	损伤速度方程	损伤初速度	损伤加速度	R^2
OPC	$-2.503N^2+3.8751N+100$	$5.006N-3.8751$	-3.8751	5.006	0.9601
20%ASC	$1.4794N^2-15.833N+100$	$-2.9588N+15.833$	15.833	-2.9588	0.7506
40%ASC	$0.0836N^2-9.5402N+100$	$-0.1672N+9.5402$	9.5402	-0.1672	0.8834
60%ASC	$-1.884N^2+3.7153N+100$	$3.768N-3.7153$	-3.7153	3.768	0.9622
80%ASC	$-1.914N^2+7.9777N+100$	$3.828N-7.9777$	-7.9777	3.828	0.9147
100%ASC	$-0.6251N^2+6.1752N+100$	$1.2502N-6.1752$	-6.1752	1.2502	0.8492

由表 4-3 可知，ASC 在 NaCl 溶液中经历冻融，ASC 的损伤特点为：20%ASC 和 40%ASC 的损伤为开口向上并不断下降的一段抛物线，以较大的损伤初速度进行损伤，100 次 NaCl 溶液腐蚀+冻融循环后即达到破坏。60%ASC 是开口向下且不断下降的一段抛物线，损伤速度较 20%和 40%的 ASC 慢。其他 3 组混凝土初始损伤速度为负，损伤初速度依次为：100%ASC<OPC<80%ASC，二次损伤加速度依次为：100%ASC<OPC<80%ASC。综合来看，20%ASC 和 40%ASC 在 NaCl 溶液腐蚀+冻融双因素作用下损伤速度最快，随着风积沙掺量的增加，损伤速度逐渐降低，100%ASC 的损伤速度最慢，即 100%ASC 抗 NaCl 溶液腐蚀+冻融耦合作用的能力最好。

表 4-3　ASC 在 3.5%NaCl 溶液腐蚀+冻融双因素作用下的损伤演化方程

混凝土编号	损伤演化方程	损伤速度方程	损伤初速度	损伤加速度	R^2
OPC	$-2.517N^2+7.497N+100$	$5.034N-7.497$	-7.497	5.034	0.9596
20%ASC	$0.6641N^2-12.322N+100$	$-1.3282N+12.322$	12.322	-1.3282	0.8506
40%ASC	$0.7233N^2-13.88N+100$	$-1.4466N+13.88$	13.88	-1.4466	0.8274
60%ASC	$-0.2397N^2-4.3217N+100$	$0.4794N+4.3217$	4.3217	0.4794	0.9681
80%ASC	$-3.499N^2+9.0118N+100$	$6.998N-9.0118$	-9.0118	6.998	0.9755
100%ASC	$-0.3372N^2+2.989N+100$	$0.6744N-2.989$	-2.989	0.6744	0.8977

　　分析 ASC 在 3 种盐溶液中经历盐腐蚀+冻融破坏的根本原因是由于混凝土孔隙内水结冰产生的结冰压和盐结晶产生的结晶压[134]，但这种结冰压并非是静水压和渗透压，这种结冰压力主要取决于孔隙中的饱水度和孔隙中盐溶液的浓度，盐的存在大大提高了冻融条件下孔隙中的饱水度，且盐溶液浓度越高，饱水度越大，饱水度增加速度越快。3 种盐溶液的浓度关系有：$Na_2SO_4 > Na_2SO_4 + NaCl > NaCl$，但是在饱水度相同的情况下，盐浓度越高，冰点降低越明显，孔隙溶液结冰产生的结冰压就越低。因此，盐腐蚀+冻融破坏最严重的环境因素就是中低浓度的盐溶液。但是，低温环境水结冰后孔隙盐溶液浓度提高后会引起盐结晶，主要是 $Na_2SO_4 \cdot 10H_2O$ 结晶体，体积膨胀造成混凝土损伤加剧，膨胀效果比 NaCl 结晶体更明显。这也是 3 种盐腐蚀+冻融试验中，混凝土在硫酸钠溶液中经历冻融初期的相对动弹性模量几乎没有减小，而后期表现为明显下降趋势。综合分析得出，在硫酸钠溶液中的损伤最严重，氯化钠溶液中的冻融损伤相比较轻，复合盐溶液中次之。

4.1.3　ASC 在盐蚀+冻融双因素作用下的损伤机理分析

4.1.3.1　SEM 形貌分析

　　图 4-4 所示为混凝土在 3 种盐溶液中经历 50 次冻融后的扫描电镜照片。在混凝土中均发现了白色结晶物质，表明在混凝土中有盐结晶物质利用扩散与毛细作用进入毛细通道；在复合盐溶液中发现同时有 NaCl 和 $Na_2SO_4 \cdot 10H_2O$ 物理结晶腐蚀（见图 4-3a），而在单盐溶液中只出现一种盐类结晶腐蚀（见图 4-3b 和 c）。因此，混凝土在复合盐溶液中的腐蚀损伤机理要比单盐溶液中复杂，并且发现混凝土内部有针状钙矾石（$3CaO \cdot Al_2O_3 \cdot 3CaSO_4 \cdot 32H_2O$，AFt），在混凝土盐腐蚀与冻融过程中针状 AFt 晶体会进一步推动微裂缝的发展，这种促进作用会导致混凝土在冻融过程中裂缝的增长速度加剧，加速混凝土的冻融损坏；发现 100% ASC 有独立性孔隙，这些独立性的封闭孔隙对冻融和腐蚀产生的裂缝发展有抑制阻碍作用，表现为掺量越大，ASC 抗盐冻性能越好。

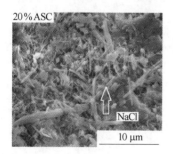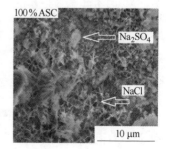

a

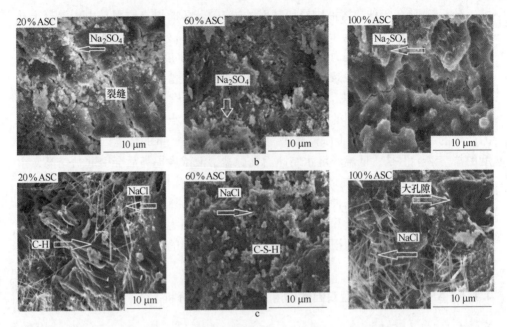

图 4-4　ASC 经历 50 次盐腐蚀+冻融循环的 SEM 形貌

a—在 3.85%（Na₂SO₄+NaCl）溶液中冻融；b—在 5.0%Na₂SO₄ 溶液中冻融；

c—在 3.5%NaCl 溶液中冻融

图 4-5 所示为 60%ASC 和 100%ASC 在 3.85%（Na₂SO₄+NaCl）溶液中经历 50 次冻融后的能谱分析，发现在两种混凝土中的主要成分为 SiO₂ 和水化产物 C-H、C-S-H、C-A-H，还有少量来自盐溶液中的 NaCl 和 Na₂SO₄。60%ASC 中的 Na 元素含量高于 100%ASC，即 60%ASC 中盐物质结晶速度比 100%ASC 更快；表明 ASC 在复合盐溶液中经受盐冻作用，内部除了受孔隙溶液中水结冰产生的结冰压影响外，还受两种盐的结晶压影响，不同掺量的 ASC 内部盐结晶速度不同。

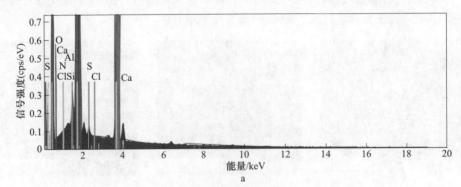

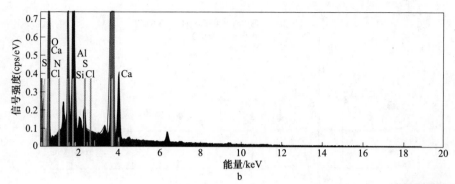

图 4-5 ASC 经历 50 次盐腐蚀+冻融循环后的能谱分析

a—60%ASC 在 3.85%（Na_2SO_4+NaCl）溶液中冻融；

b—100%ASC 在 3.85%（Na_2SO_4+NaCl）溶液中冻融

图 4-5 彩图

4.1.3.2 XRD 物相分析

图 4-6 所示为 3 种掺量风积沙的 ASC 在氯化钠溶液和复合溶液中经历 50 次冻融后的 XRD 曲线。结果表明，在复合盐溶液中经历 50 次冻融后（见图 4-6a），ASC 的主要物相是来自天然河砂和风积沙中的 SiO_2，其特征峰为 0.3345 nm，C-H（特征峰为 0.2639 nm）和 C-S-H（特征峰为 0.22 nm），少量的 $Na_2SO_4 \cdot 10H_2O$、$CaSO_4 \cdot 2H_2O$（特征峰为 0.22 nm）和 AFt（特征峰为 0.398 nm），少量 $Na_2SO_4 \cdot 10H_2O$、$CaSO_4 \cdot 2H_2O$ 和 AFt 结晶物质是由于溶液中含有 SO_4^{2-} 的缘故。

NaCl 溶液中经历 50 次冻融后（见图 4-6b），除了常见的水化产物外，还发现少量 NaCl 和 AFm（$3CaO \cdot Al_2O_3 \cdot 3SO_4 \cdot 12H_2O$，其特征峰为 0.398 nm），还存在微量的 F′S。

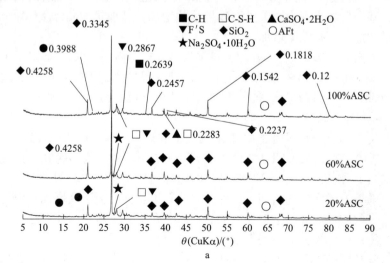

a

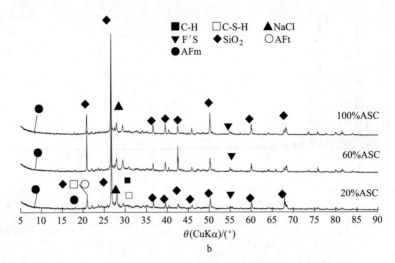

图 4-6　ASC 经历 50 次盐腐蚀+冻融循环后的 XRD 物相分析

a—3.85%（NaCl+Na₂SO₄）溶液；b—3.5%NaCl 溶液

由 XRD 物相组成分析可知，混凝土在复合盐溶液中经历冻融循环作用后，由于溶液中水结冰，盐浓度提高导致硫酸钠与氯化钠结晶并产生结晶压。因此，ASC 在复合盐溶液中经历腐蚀+冻融耦合作用后的损伤程度比氯化钠溶液中严重。

4.1.3.3　NMR 孔结构分析

图 4-7 所示为 ASC 经受 50 次盐腐蚀+冻融双因素作用后的 T_2 谱与孔径分布。比较发现，在氯化钠溶液中冻融后的孔隙结构变化最小，80%ASC 的第三峰占比极小，表明 80%ASC 和 100%ASC 在氯化钠溶液中冻融后主要呈现两个峰值，没有出现更大的孔隙。不同 ASC 在 3 种盐溶液中经历盐腐蚀+冻融后的孔隙呈现相似特征，基本上都表现为随着风积沙掺量的增加，盐腐蚀+冻融后混凝土内部的孔隙总量增加，大孔隙率增加。

混凝土内 0.1 μm 左右的孔隙含量最大，经历冻融后 ASC 内部出现了新的裂纹，80%ASC 和 100%ASC 孔隙变化最大，符合随着风积沙掺量的增加微裂缝和大孔隙含量增多的规律。3 种盐溶液中，ASC 损伤程度依次为 5.0% Na₂SO₄ > 3.85%（Na₂SO₄+NaCl）>3.5%NaCl。

按照吴中伟院士对混凝土内部孔隙大小的划分[104]，0.02～0.05 μm 的孔为少害孔，0.05～0.2 μm 的孔为有害孔，超过 0.2 μm 的孔为多害孔。这说明在盐溶液中经过 50 次冻融后，OPC 和 ASC 的内部出现了不可逆转的对混凝土有害的微裂缝，随着冻融次数的增加，这种微裂缝数量及宽度会逐渐增加；但是，随着风积沙掺量的增加，混凝土自身内部的独立大孔隙数量多，因此，这种独立大孔隙对混凝土的损伤裂缝的发展有较好的抑制与释放作用。

进一步从图 4-7 中的孔径分布曲线可知，ASC 孔隙结构随着风积沙掺量的增

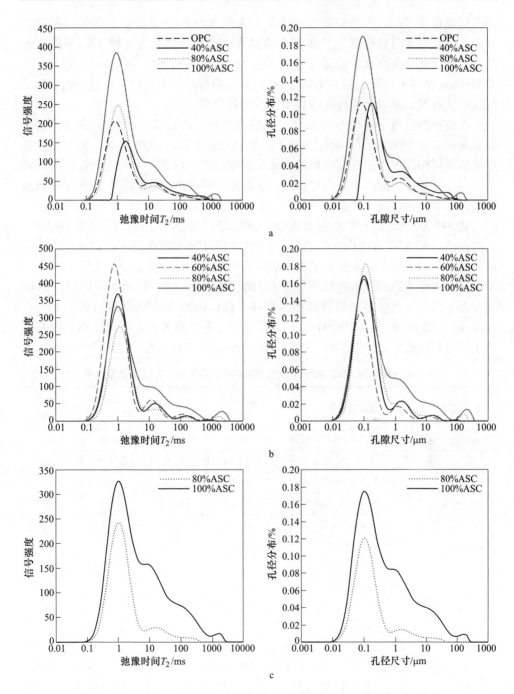

图 4-7　OPC 和 ASC 经历 50 次盐腐蚀+冻融循环后的 T_2 谱图与孔径分布

a—在 3.85%（Na_2SO_4+NaCl）溶液中冻融；b—在 5.0%Na_2SO_4 溶液中冻融；c—在 3.5%NaCl 溶液中冻融

加孔隙量也在增加，大孔隙数量随掺量增大而增大，100%ASC 的各级别孔隙含量最多，孔隙度分量也最高。在复合盐溶液中冻融后掺量在 80% 及以下的 ASC 基本上孔径都分布在 0.1 μm、2 μm 左右，而 100%ASC 除了 0.1 μm 的孔外，还有 200 μm 左右的大孔，说明 100%ASC 内部孔隙有较多大孔隙，通过冻融试验发现这些大孔隙对混凝土的抗冻性有明显的改善作用。

在硫酸钠溶液中发现 80%ASC 孔径变化明显，出现了大于 100 μm 的大孔，且发现掺量在 80% 以下的 ASC 出现了多种孔径的孔隙，说明在单一硫酸钠溶液中冻融的损伤程度要比在复合溶液中损伤程度更大，也说明了在复合溶液中冻融并不是几种单盐溶液冻融的简单叠加。在硫酸钠溶液中冻融的损伤程度明显比复合溶液和氯化钠溶液中严重。

表 4-4 为 OPC 和 ASC 经过盐腐蚀+冻融双因素耦合作用后的孔隙结构参数。大掺量的 ASC 束缚流体饱和度增大，表明在盐腐蚀+冻融作用下，此掺量的 ASC 内部裂纹与微孔发育并发展速度随着掺量的增加而减小；掺量小于或等于 40% 的 ASC 其自由流体饱和度普遍较掺量大于或等于 60% 的 ASC 大，说明在盐腐蚀+冻融作用下出现了比较多的裂缝且不断发展发育；100%ASC 内部含有的独立大孔隙最多，在盐腐蚀+冻融耦合作用下微裂缝裂纹发育发展并止于大孔隙，因此束缚流体饱和度最大，说明 100%ASC 在盐腐蚀+冻融双因素作用下的损伤最小。

表 4-4　OPC 和 ASC 经历 50 次盐腐蚀+冻融循环后的孔隙度与渗透率

混凝土编号	盐溶液种类	束缚流体饱和度/%	自由流体饱和度/%	孔隙度/%	渗透率/mD
OPC	3.85%(Na_2SO_4+NaCl) 溶液	76.075	23.925	1.977	0.617
40%ASC	5.0%Na_2SO_4 溶液	67.14	32.86	2.519	1.404
	3.85%(Na_2SO_4+NaCl) 溶液	73.221	26.779	1.8	0.933
60%ASC	5.0%Na_2SO_4 溶液	83.266	16.734	1.861	0.425
80%ASC	3.5%NaCl 溶液	80.223	19.777	1.821	0.494
	5.0%Na_2SO_4 溶液	87.956	12.044	2.797	0.211
	3.85%(Na_2SO_4+NaCl) 溶液	87.024	12.976	2.172	0.224
100%ASC	3.5%NaCl 溶液	90.683	9.317	4.51	0.082
	5.0%Na_2SO_4 溶液	89.006	10.994	3.521	0.137
	3.85%(Na_2SO_4+NaCl) 溶液	89.954	10.046	3.755	0.101

对比孔隙度与渗透率发现，各掺量 ASC 的孔隙度随着掺量的增加而增加，渗透率却在减小，说明掺量大的 ASC 本身内部的孔隙多，在经过盐腐蚀+冻融循环后，原有的孔隙和裂缝并没有显著的发育发展；100%ASC 的孔隙度最大，渗透率较小，这是因为混凝土经历盐腐蚀+冻融作用后导致内部的微裂缝微孔隙发育过程中，受到自身内部独立大孔隙的阻断，裂缝发展的速度被降低，内部应力

得到了释放。因此，风积沙掺量越大，内部的孔隙结构对抵抗盐腐蚀+冻融作用越有利，抗盐腐蚀+冻融性能越好，100%ASC 的抗盐腐蚀+冻融性能最好。

4.2 ASC 在盐蚀+干湿双因素作用下的损伤研究

4.2.1 ASC 在盐蚀+干湿双因素作用下的损伤失效规律

4.2.1.1 质量损失率与相对动弹性模量

A 60 ℃

图 4-8 所示为 ASC 在 3 种盐溶液中经历盐腐蚀+60 ℃干湿循环后的质量损失率与相对动弹性模量变化。ASC 的表面在整个循环过程中并没有出现剥蚀现象，在 3 种盐溶液中经历干湿循环后 6 组 ASC 的质量一直在增加，100%ASC 在 3 组盐溶液中的质量增加最大，但在氯化钠溶液中干湿循环后的 ASC 质量增加速度要比硫酸钠或复合溶液中慢。

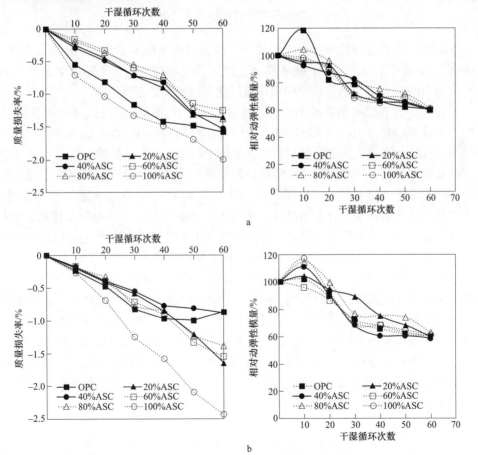

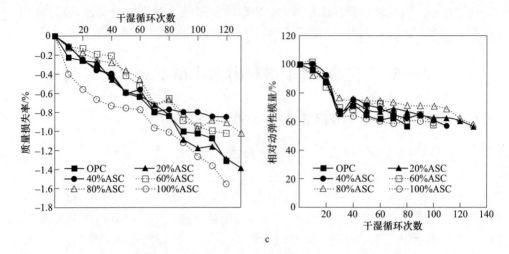

图 4-8 OPC 和 ASC 在盐腐蚀+60 ℃干湿双因素作用下的质量损失率与相对动弹性模量变化
a—3.85%（Na₂SO₄+NaCl）溶液腐蚀+干湿循环（60 ℃）；b—5.0%Na₂SO₄ 溶液腐蚀+干湿循环（60 ℃）；
c—3.5%NaCl 溶液腐蚀+干湿循环（60 ℃）

ASC 在 3 种盐溶液中经历干湿循环后的相对动弹性模量变化：经历盐腐蚀+60 ℃干湿循环作用，ASC 的破坏都是表现为相对动弹性模量不断下降最终到初始值的 60%，在氯化钠溶液中的损伤速度比其他两种盐溶液中慢。

在复合盐或硫酸钠溶液中，SO_4^{2-} 通过吸附、扩散等方式进入 ASC 孔隙通道中，形成 $Na_2SO_4 \cdot 10H_2O$ 和 $CaSO_4 \cdot 2H_2O$ 结晶体，导致体积膨胀；在遭受 60 ℃烘干过程中，孔隙中的水分包括含水结晶体中的水分蒸发，孔隙内部毛细孔与封闭性孔隙水蒸发，内部蒸汽自由能明显高于周围空气，且随温度升高自由能差越大，蒸汽分子大量向外移动过程中遇到阻力产生蒸汽压；继续在盐溶液中浸泡，无水结晶体又会转变为含水结晶体，体积再次膨胀产生二次结晶压。因此，ASC 受盐腐蚀+60 ℃干湿循环双因素作用，加速 ASC 的损伤破坏实质上是固相体积增加（盐结晶压）、结晶水压力和蒸汽压超叠加原理造成的。

在干湿环境中 Cl^-、SO_4^{2-} 结晶速度存在较大差异，60 ℃干湿循环条件下硫酸钠的结晶速度明显要快于氯化钠，因为在硫酸钠溶液中的腐蚀机理要比氯化钠中更复杂。在干湿循环条件下，SO_4^{2-} 进入混凝土中除了物理结晶生成十水硫酸钠晶体外，还与混凝土中的水化产物反应生成芒硝，体积膨胀。因此，ASC 在含 SO_4^{2-} 的盐溶液中经受 60 ℃干湿循环作用，在 60 次复合作用下即迅速破坏，风积沙掺量多少对 ASC 的抵抗复合作用能力无任何影响；在氯化钠溶液中 80%ASC 的抵抗盐腐蚀+干湿循环复合作用的能力最好。

B 100 ℃

由图 4-9 可知，ASC 在 3 种盐溶液中经历 100 ℃干湿循环作用，混凝土的质

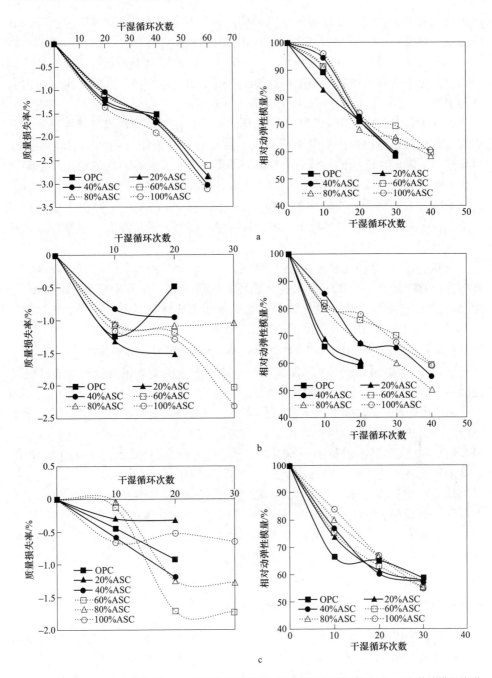

图 4-9 OPC 和 ASC 在盐腐蚀+100 ℃干湿双因素作用下的质量损失率与相对动弹性模量变化

a—3.85%(Na₂SO₄+NaCl) 溶液腐蚀+干湿循环（100 ℃）；

b—5.0%Na₂SO₄ 溶液腐蚀+干湿循环（100 ℃）；c—3.5%NaCl 溶液腐蚀+干湿循环（100 ℃）

量始终比初始值大。在复合溶液中测得的质量增加幅度较大，质量一直在增加；在硫酸钠溶液中，OPC 进行到 10 次循环时质量突然减小，OPC 明显出现了一些由内向外贯穿的裂缝；在氯化钠溶液中 100%ASC 同样也出现贯穿裂缝。这些裂缝明显是由于内部某种物质结晶导致膨胀产生胀压，最终导致混凝土出现由内向外的裂缝。

在 3 种盐溶液中经历 100 ℃干湿循环，ASC 的相对动弹性模量都在降低，都表现为破坏时相对动弹性模量下降 60%。在复合盐溶液中 6 组 ASC 相对动弹性模量迅速下降；在硫酸钠溶液中，40%ASC 和掺量大于或等于 60%的 ASC 下降速度比 OPC、20%ASC 慢；在氯化钠溶液中 6 种混凝土下降速度没有差异，同时下降至 60%。数据表明：在硫酸钠环境下掺量低于 60%的 ASC 抗高温干湿循环能力差，在单一氯化钠溶液环境下，风积沙掺量对混凝土的抗高温干湿循环能力基本没有影响。

与 60 ℃干湿循环比较，在高温盐腐蚀环境下 ASC 的耐久性能普遍较差，在盐腐蚀环境中只经历了 20~40 次复合循环后达到破坏。在 100 ℃条件下 NaCl 的结晶速度比 Na_2SO_4 更快，氯化钠进入混凝土通道并快速结晶，因此，6 组 ASC 在 NaCl 溶液中经历 100 ℃干湿循环后迅速破坏。

4.2.1.2　破坏时 ASC 与 OPC 经历盐腐蚀+干湿双因素作用次数

在 60 ℃干湿循环作用下，复合盐与硫酸钠溶液中的 6 组混凝土在破坏时均经历 60 次循环；在氯化钠溶液中分别经历 80 次、130 次、110 次、100 次、130 次和 100 次循环。在 100 ℃干湿循环作用下，普遍经历 20~40 次循环，氯化钠溶液中均经历 30 次循环作用；在复合盐与硫酸钠溶液中掺量大于或等于 60%的 ASC 经历 40 次循环，掺量小于 60%的 ASC 可经历的循环系数小于 40 次。由图 4-10 所示比较发现，ASC 经历盐腐蚀+干湿循环作用时，ASC 经历的循环次数基本都高于 OPC；温度升高，各组 ASC 破坏时经历的循环次数均在降低；在 60 ℃条件下，氯化钠溶液中 OPC 与 ASC 可经历更多的循环次数，而且 ASC 高于 OPC；在 100 ℃条件下，氯化钠溶液中各 ASC 经历的循环次数均低于硫酸钠和复合溶液。说明 100 ℃温度下氯化钠结晶速度大于硫酸钠，在 60 ℃温度下恰好相反。

4.2.2　ASC 在盐蚀+干湿双因素作用下的损伤方程

通过对 6 组 ASC 在不同盐腐蚀+60 ℃干湿双因素作用后的相对动弹性模量进行回归分析，得到各组混凝土在双因素作用后的损伤演化方程。在复合盐和 Na_2SO_4 溶液中的损伤演化方程均为抛物线形损伤，而在 NaCl 溶液中的损伤演化方程为直线形损伤。

4.2.2.1　复合盐溶液

由表 4-5 可知，在复合盐腐蚀+60 ℃干湿循环双因素作用下，6 组混凝土的

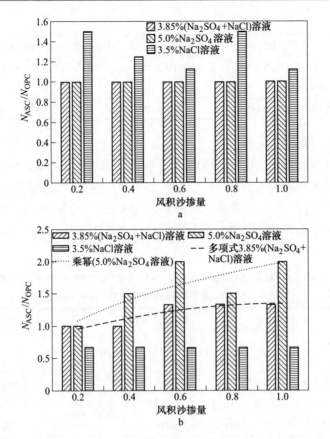

图 4-10 破坏时 ASC 与 OPC 经历盐腐蚀+干湿双因素循环次数比值

a—60 ℃；b—100 ℃

损伤初速度依次为 100%ASC>20%ASC>60%ASC>40%ASC>OPC>80%ASC，而二次损伤加速度则为 40% ASC < 60% ASC < OPC < 100% ASC < 20% ASC < 80% ASC。OPC、40%ASC 和 80%ASC 损伤符合开口向下抛物线模式，损伤较慢；而其他几组混凝土符合开口向上逐渐递减的一段抛物线，损伤较 OPC、40%ASC 和 80%ASC 更快。综合来看，在复合盐溶液中经历干湿循环，80%ASC 的抗盐腐蚀+干湿复合作用能力较好。

表 4-5　OPC 和 ASC 在 3.85%（Na₂SO₄+NaCl）溶液腐蚀+60 ℃干湿双因素
作用下的损伤演化方程

混凝土编号	损伤演化方程	损伤速度方程	损伤初速度	损伤加速度	R^2
OPC	$-0.0034N^2-0.5412N+100$	$0.0068N+0.5412$	0.5412	0.0068	0.747
20%ASC	$0.0051N^2-0.793N+100$	$-0.0102N+0.793$	0.793	-0.0102	0.9263
40%ASC	$-0.0002N^2-0.662N+100$	$0.0004N+0.662$	0.662	0.0004	0.9879

混凝土编号	损伤演化方程	损伤速度方程	损伤初速度	损伤加速度	R^2
60%ASC	$0.0019N^2 - 0.7863N + 100$	$-0.0038N + 0.7863$	0.7863	-0.0038	0.9158
80%ASC	$-0.0071N^2 - 0.2419N + 100$	$0.0142N + 0.2419$	0.2419	0.0142	0.9273
100%ASC	$0.0043N^2 - 0.9323N + 100$	$-0.0086N + 0.9323$	0.9323	-0.0086	0.9065

4.2.2.2　Na_2SO_4 溶液

表 4-6 为在 Na_2SO_4 溶液腐蚀+60 ℃干湿循环双因素作用下，6 组混凝土均符合二次抛物线形损伤特点，但 OPC、40%ASC 和 60%ASC 损伤是以开口向上并不断下降的抛物线进行损伤，损伤速度较快。20%ASC、80%ASC 和 100%ASC 相比其他几组混凝土损伤速度较慢，综合损伤初速度和损伤加速度来看，80%ASC 损伤最慢。

表 4-6　OPC 和 ASC 在 5.0%Na_2SO_4 溶液腐蚀+60 ℃干湿双因素作用下的损伤演化方程

混凝土编号	损伤演化方程	损伤速度方程	损伤初速度	损伤加速度	R^2
OPC	$0.0021N^2 - 0.8442N + 100$	$-0.0042N + 0.8442$	0.8442	-0.0042	0.9011
20%ASC	$-0.0103N^2 - 0.0922N + 100$	$0.0206N + 0.0922$	0.0922	0.0206	0.9587
40%ASC	$0.0005N^2 - 0.8008N + 100$	$-0.001N + 0.8008$	0.8008	-0.001	0.7988
60%ASC	$0.0036N^2 - 0.904N + 100$	$-0.0072N + 0.904$	0.904	-0.0072	0.9645
80%ASC	$-0.0091N^2 - 0.1232N + 100$	$0.0182N + 0.1232$	0.1232	0.0182	0.7623
100%ASC	$-0.0027N^2 - 0.5563N + 100$	$0.0054N + 0.5563$	0.5563	0.0054	0.7288

在损伤初期由于混凝土内部的水化产物与硫酸盐产生的针状硫酸钙以及硫酸钠结晶体导致混凝土孔隙内产生结晶压力，60%ASC 的孔隙结构致密，这种结晶压力对混凝土的作用效应最为明显，在干湿循环过程中致密的孔隙结构产生的蒸汽压最小，因此 60%ASC 即使损伤初速度最大，但二次损伤加速度却最小；100%ASC 的独立大孔隙最多，盐结晶作用可被大孔隙抑制、释放或吸收，但是独立大孔隙导致干湿循环过程中产生的蒸汽压最大，即使以较小的损伤初速度损伤，二次损伤加速度却较大；20%和 80%的 ASC 二次损伤加速度最大。因此在硫酸钠环境下 6 组 ASC 经历 60 ℃干湿循环的耐久性能无明显差异，均表现为较差。

4.2.2.3　NaCl 溶液

在 NaCl 溶液腐蚀+60 ℃干湿双因素作用下，ASC 抗氯化钠溶液干湿循环的能力要明显好于有硫酸钠存在的情况。表 4-7 可看出，6 组混凝土均符合双段式直线-抛物线形损伤模式，80%ASC 的损伤初速度和二次损伤加速度最小，表明在氯化钠溶液环境下 80%ASC 的抗 NaCl 溶液腐蚀+60 ℃干湿复合作用的能力较好。

表 4-7　OPC 和 ASC 在 3.5%NaCl 溶液腐蚀+60 ℃干湿双因素作用下的损伤演化方程

混凝土编号	损伤演化方程	损伤速度及其方程	损伤初速度	损伤加速度	R^2
OPC	$-0.901N+100$ ($N \leqslant 30$)	0.901	0.901	0	0.8728
	$0.0027N^2+0.0507N+67.848$ ($N \geqslant 30$)	$0.0054N-0.0507$	-0.0507	0.0054	0.8066
20%ASC	$-0.9538N+100$ ($N \leqslant 30$)	0.9538	0.9538	0	0.8424
	$0.0017N^2+0.1572N+65.089$ ($N \geqslant 30$)	$0.0034N-0.1572$	-0.1572	0.0034	0.8091
40%ASC	$-0.816N+100$ ($N \leqslant 30$)	0.816	0.816	0	0.7075
	$-0.0026N^2+0.189N+67.003$ ($N \geqslant 30$)	$0.0052N-0.189$	-0.189	0.0052	0.7644
60%ASC	$-0.87N+100$ ($N \leqslant 30$)	0.87	0.87	0	0.8167
	$0.0023N^2+0.1196N+69.467$ ($N \geqslant 30$)	$0.0046N-0.1196$	-0.1196	0.0046	0.7538
80%ASC	$-0.7142N+100$ ($N \leqslant 30$)	0.7142	0.7142	0	0.9408
	$0.0014N^2+0.0551N+76.372$ ($N \geqslant 30$)	$0.0028N-0.0551$	-0.0551	0.0028	0.9195
100%ASC	$-0.8817N+100$ ($N \leqslant 30$)	0.8817	0.8817	0	0.7746
	$-0.00003N^2-0.071N+66$ ($N \geqslant 30$)	$0.00006N+0.071$	0.071	0.00006	0.7165

4.2.3　ASC 在盐蚀+干湿双因素作用下的损伤机理分析

4.2.3.1　XRD 物相分析

通过图 4-11 所示的 XRD 物相分析可知，在经历复合盐腐蚀+60 ℃干湿循环复合因素作用后，混凝土中除了主要来自砂石骨料的 SiO_2，还有因干湿循环作用产生盐类结晶产物 Na_2SO_4 晶体以及少量结晶产物 NaCl 晶体。这是由于硫酸钠与氯化钠结晶的重要条件就是干湿循环作用，而 Na_2SO_4 易结晶的外界环境温度是 40~60 ℃，在更高温度范围内才是 NaCl 结晶的最佳条件。杜建民等人[135]对岩石、混凝土材料等孔中由于盐溶液腐蚀环境存在盐类结晶压力，其中在 50 ℃左右温度条件下测得的结晶压力为岩盐（NaCl）> Na$_2$SO$_4$，其中岩盐可以达到 654 atm（约 66 MPa），Na$_2$SO$_4$ 晶体结晶压力可达到 345 atm（约 35 MPa），使 C25 的混凝土产生结晶压力破坏。

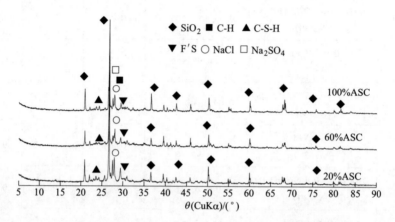

图 4-11   ASC 在 3.85%（Na$_2$SO$_4$+NaCl）溶液腐蚀+60 ℃干湿双因素作用下的 XRD 物相分析

4.2.3.2   NMR 孔结构分析

图 4-12 所示为 OPC 和 ASC 经历盐腐蚀+60 ℃干湿循环作用后 NMR 的 T_2 谱曲线，除了在氯化钠溶液中测得 OPC 有 5 个峰值，100%ASC 有 3 个峰值外，其余的所有混凝土均表现为 4 个峰值，在氯化钠溶液中干湿循环后的 OPC 和 100%ASC 内部损伤最明显，而其余混凝土的损伤以及在其他盐溶液中的损伤差异都比较小。

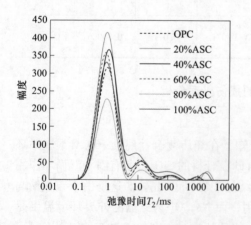 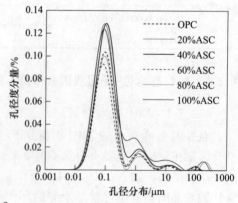

a

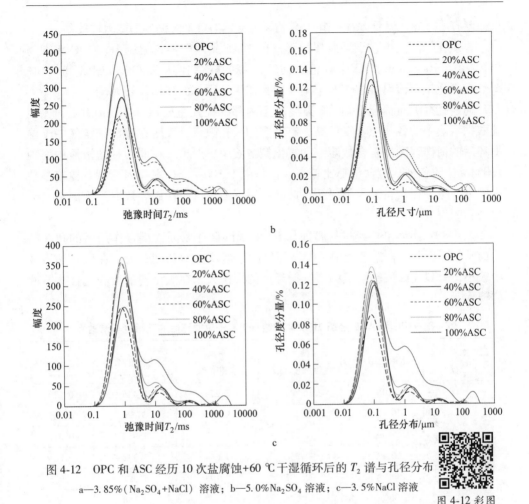

图 4-12 OPC 和 ASC 经历 10 次盐腐蚀+60 ℃干湿循环后的 T_2 谱与孔径分布
a—3.85%（Na_2SO_4+NaCl）溶液；b—5.0%Na_2SO_4 溶液；c—3.5%NaCl 溶液

图 4-12 彩图

在复合盐溶液中，20%ASC 和 100%ASC 的第四峰弛豫时间、峰面积、峰占比例较大，80%ASC 的各峰面积和峰占比最小外，其余的混凝土峰值特征相差不大。这说明在复合盐溶液和 60 ℃干湿循环作用下，不同风积沙掺量的混凝土孔隙结构存在差异，即孔隙含量及孔径大小的不同。60 ℃干湿循环条件可加速硫酸钠结晶，在孔隙结构中不断结晶的硫酸钠晶体产生的胀压力才是 ASC 破坏的主要原因。因为两种盐物质结晶速度的不同，有阻碍结晶的正效应和产生胀压力加速混凝土损伤的负效应，因此在复合溶液中的干湿循环损伤过程，并不是两种盐溶液损伤的简单叠加。

在硫酸钠溶液中，6 组混凝土均表现为 4 个峰值，100%ASC 的各峰面积绝对值最大，20%ASC 次之，其余的 ASC 相差不大，但是峰面积占比却较小，大孔隙所占比例随着风积沙掺量的增加而提高。在硫酸钠溶液中干湿循环，造成混凝土损伤的主因是环境温度导致硫酸钠晶体膨胀产生胀压力，虽然由于孔隙结构的不同导致损伤速度有所差异，但总体看 6 组 ASC 的抗硫酸钠溶液干湿循环的能力均较差。

在氯化钠溶液中，干湿循环后形成的 NaCl 晶体产生较大压力，OPC 表现为 5 个峰值，100%ASC 为 3 个峰值，而第二峰的峰占比达到 33%。OPC 和 100% ASC 在氯化钠溶液腐蚀+60 ℃干湿双因素作用下内部的损伤均较大。

通过孔径分布情况可知，6 类混凝土内部的孔径主要以 0.1 μm 为主，比在硫酸钠溶液中的各孔隙含量更高，有更多的大孔隙量，表明在硫酸钠溶液中干湿循环后的损伤程度比复合盐溶液和氯化钠溶液中更严重。在同一种盐溶液中发现 100%ASC 的各种孔隙含量都比较高，这是由于 100%ASC 本身内部含有比较多独立的大孔隙，在盐腐蚀与干湿循环共同作用下，蒸汽压作用导致混凝土内部又会出现新的裂缝。

表 4-8 所示为 ASC 经过盐腐蚀与 60 ℃干湿循环双因素耦合作用后的孔隙结构参数，ASC 在复合盐溶液中干湿循环后的束缚流体饱和度较大，在硫酸钠溶液中较小，ASC 在硫酸钠溶液中干湿循环后的损伤大于在氯化钠溶液和复合盐溶液的损伤。

表 4-8　OPC 和 ASC 经历 10 次盐腐蚀+60 ℃干湿循环后的孔隙度与渗透率

盐溶液种类及浓度	混凝土编号	束缚流体饱和度/%	自由流体饱和度/%	孔隙度/%	渗透率/mD
3.85%(Na_2SO_4+NaCl) 溶液	OPC	91.724	8.276	1.446	0.029
	20%ASC	90.412	9.588	1.86	0.037
	40%ASC	91.272	8.728	1.915	0.031
	60%ASC	92.356	7.644	1.332	0.023
	80%ASC	92.807	7.193	1.391	0.035
	100%ASC	80.274	19.726	2.158	1.309
5.0%Na_2SO_4 溶液	OPC	88.802	11.198	1.324	0.377
	20%ASC	89.144	10.856	2.189	0.118
	40%ASC	91.807	8.193	1.848	0.092
	60%ASC	72.924	27.079	2.632	0.617
	80%ASC	92.53	7.47	2.246	0.048
	100%ASC	78.602	21.398	3.087	6.73
3.5%NaCl 溶液	OPC	90.263	9.737	1.322	0.125
	20%ASC	92.257	7.744	1.96	0.06
	40%ASC	92.12	7.88	1.692	0.088
	60%ASC	91.889	8.111	1.928	0.107
	80%ASC	93.295	6.705	2.054	0.02
	100%ASC	65.882	34.118	2.923	19.577

对比各组混凝土，在每一组盐溶液中掺量小于80%的ASC束缚流体饱和度都较高，自由流体饱和度偏小，而100%ASC的束缚流体饱和度都是最小的。在复合盐溶液中束缚流体饱和度大小依次为：80%ASC>60%ASC>OPC>40%ASC>20%ASC，硫酸钠溶液中为：80%ASC>40%ASC>20%ASC>OPC>60%ASC，在氯化钠溶液中大小依次为：80%ASC>20%ASC>40%ASC>60%ASC>OPC；表明在盐+干湿作用下，盐的种类对ASC的抗干湿循环作用能力影响较大，受风积沙掺量影响非常小，复合盐溶液由于两者的抑制阻碍作用，损伤小于单盐溶液，说明损伤机理并不是简单的叠加。100%ASC自由流体饱和度最大，内部含有的独立大孔隙最多，在盐与干湿循环耦合作用下微裂缝裂纹发育发展，导致自由流体饱和度较大。

对比孔隙度与渗透率发现，在3种盐溶液中100%ASC的孔隙度和渗透率都是远远高于其他掺量的ASC，主要是由于100%ASC内部本身含有较多的孔隙，混凝土经历盐腐蚀+干湿作用后由于盐结晶压与蒸汽压的超叠加原理导致内部的微裂缝微孔隙快速发展，因此渗透率较大。干湿循环过程中出现的盐结晶物质在作用开始填充孔隙裂缝，100%ASC的初始损伤速度并不明显，但随着循环的继续，损伤速度明显加快。在复合盐溶液中80%ASC的孔隙度最小，渗透率最低，60%ASC次之，说明复合盐抑制阻碍作用确实存在。造成孔隙度小的原因是自身组织结构较为密实，孔隙内产生的蒸汽压小，以及复合盐溶液中两种盐的结晶速度不同，在结晶过程中互相影响，因此复合盐溶液中两种盐的耦合作用会导致结晶压减小。在硫酸钠溶液与氯化钠溶液中，60%ASC由于受蒸汽压和较大内部盐结晶压力影响，产生了较多的孔隙和裂缝，因此测得的孔隙度和渗透率也较大，但80%ASC测得的渗透率均最小。因此，在硫酸钠或氯化钠环境中的混凝土受干湿循环作用，80%ASC的抗盐腐蚀与干湿耦合作用的性能较好。

4.3 ASC 在冻融+干湿双因素作用下的损伤失效研究

4.3.1 ASC 在冻融+干湿双因素作用下的损伤失效规律

4.3.1.1 质量损失率与相对动弹性模量变化

OPC和ASC在冻融+干湿双因素作用后的质量损失率变化如图4-13a所示。80%ASC在整个过程中质量一直减小，在经受50次循环时质量损失率达5%；其他ASC在循环过程中均出现了质量先增加后减小的现象。其中掺量20%和40%的ASC在破坏时质量仍然大于初始值，说明在循环过程中表面质量损失很小，损伤主要来自内部，内部裂缝数量逐渐增多且充满水是质量大于初始值的主要原因。100%ASC在前55次循环质量变化非常小，55次循环后其质量快速减小，到

80 次循环时达到破坏标志。

相对动弹性模量变化如图 4-13b 所示，掺量在 40% 以下的 ASC 相对动弹性模量快速下降到初始值的 60%，表明内部损伤速度较快。双因素作用开始时存在混凝土二次水化，水化产物充填混凝土的孔隙结构，造成 ASC 的相对动弹性模量有增大的趋势；而在冻胀压（静水压和渗透压）、膨胀压的耦合作用下表面层状脱落与内部裂缝不断发展，最终导致损伤加剧，掺量 80% 以上的 ASC 在破坏时其相对动弹性模量仍然大于 80%ASC，即表面剥蚀是造成其损伤的主要原因，ASC 经历冻融+干湿双因素作用的损伤速度较小，100%ASC 的损伤最小。

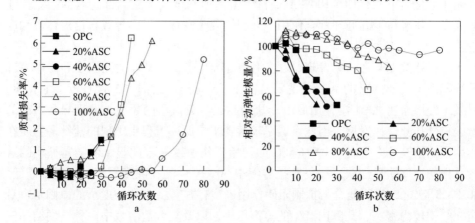

图 4-13　在冻融+干湿双因素作用下 OPC 和 ASC 的质量损失率与相对动弹性模量变化
a—质量损失率；b—相对动弹性模量

4.3.1.2　破坏时 ASC 与 OPC 经受冻融+干湿循环次数

破坏时，OPC 和 ASC 可经受冻融+干湿复合循环次数分别为 30 次、20 次、25 次、45 次、50 次和 80 次。即随着风积沙掺量增加，混凝土经受复合循环的次数增加。

由图 4-14 所示，在冻融+干湿循环双因素作用下，OPC 与不同掺量的 ASC 经受冻融+干湿复合循环次数的比值与风积沙掺量呈指数函数关系，公式如下：

$$N_{ASC}/N_{OPC} = 0.388e^{0.436C_{AS}}　　　　　　　　　(4-4)$$

在冻融+60 ℃ 干湿循环双因素作用下，风积沙掺量越大的 ASC 相比 OPC，可经受更多的循环次数，100%ASC 经受的循环次数最多，其抗冻融+干湿循环作用能力最好。

4.3.2　ASC 在冻融+干湿双因素作用下的损伤失效方程

掺量小于 60% 的 ASC 通过相对动弹性模量表征其内部损伤特点，掺量大于或等于 60% 的 ASC 是通过质量损失率来表征其损伤，OPC 和 ASC 的损伤演化方

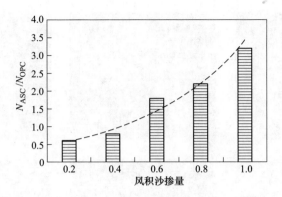

图 4-14 破坏时 ASC 与 OPC 经历冻融+干湿循环次数比值

程见表 4-9。40%ASC 以 2.6783 的最大损伤初速度损伤，损伤速度最快，20%和 OPC 依次以较大的损伤初速度和二次损伤加速度进行损伤。掺量大于或等于 60% 的 ASC 初始损伤速度为负，说明相对动弹性模量在增加，损伤主要表现在表面的粒状剥蚀，内部的裂缝发展速度非常小，60%和 80%ASC 的二次损伤加速度明显比 100%ASC 的大。总之，掺量在 60% 及以下的 ASC 抵抗冻融+干湿复合作用的性能较差，掺量大于或等于 60% 的 ASC 抗耦合作用能力较好，100%ASC 最好。

表 4-9　OPC 和 ASC 在冻融+干湿双因素作用下的损伤演化方程

混凝土编号	损伤演化方程	损伤速度方程	损伤初速度	损伤加速度	R^2
OPC	$-0.0426N^2-0.3689N+100$	$0.0852N+0.3689$	0.3689	0.0852	0.9664
20%ASC	$-0.0336N^2-1.756N+100$	$0.0672N+1.756$	1.756	0.0672	0.966
40%ASC	$0.0323N^2-2.6783N+100$	$-0.0646N+2.6783$	2.6783	-0.0646	0.9769
60%ASC	$-0.0229N^2+0.3086N+100$	$0.0458N-0.3086$	-0.3086	0.0458	0.9266
80%ASC	$-0.0212N^2+0.807N+100$	$0.0424N-0.807$	-0.807	0.0424	0.8436
100%ASC	$-0.0051N^2+0.283N+100$	$0.0102N-0.283$	-0.283	0.0102	0.7661

4.3.3　ASC 在冻融+干湿双因素作用下的损伤机理分析

4.3.3.1　SEM 形貌分析

不同 ASC 经历 10 次冻融+干湿循环作用后的 SEM 形貌如图 4-15 所示。由图可看出，60%ASC 的组织结构最密实，在冻融+干湿双因素作用后内部充满了 C-S-H 胶凝产物；20%ASC 由内部向外部出现了较深的裂缝，裂缝内可见针状 AFt 晶体；100%ASC 在 500 倍观察可见独立大孔隙，并在孔隙周边可见细长裂缝，在界面区可见针状的 AFt 晶体生长，并且发现针状晶体在界面区、孔隙内与周围物质结合较好。

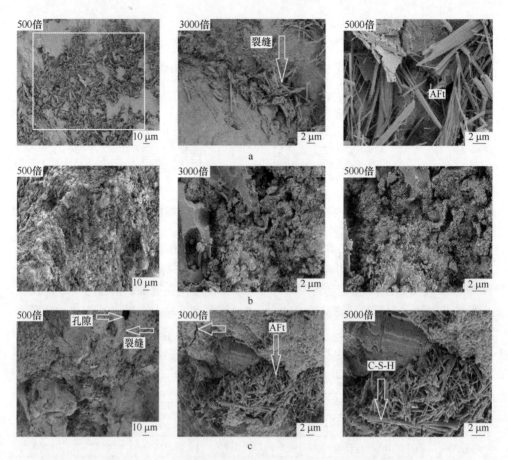

图 4-15　ASC 经历 10 次冻融+干湿循环作用后的 SEM 形貌

a—20%ASC；b—60%ASC；c—100%ASC

4.3.3.2　NMR 孔结构分析

如图 4-16 所示，6 种混凝土经历 10 次冻融+干湿双因素作用后的 T_2 谱特征基本相同，均表现为 4 个峰，首峰峰值最大，与其他峰差异明显；OPC 与 60%ASC 的首峰信号强度明显比其他混凝土低，但首峰对应的 T_2 值最大，其余三个峰的信号强度也较低，说明经受 10 次循环后，OPC 和 60%ASC 内部已出现损伤，但损伤程度较小。80%ASC 和 100%ASC 的首峰对应 T_2 值最小，说明两种混凝土存在最小孔径的孔，且含量较多，即在双因素作用下的损伤最小。各组 ASC 内部 0.1 μm 左右的孔隙含量最多，不同混凝土孔径分布有差异。0.1 μm 左右的孔 40%ASC 最多，10 次循环后损伤最大；掺量大于或等于 80% 的 ASC 有较多 0.1 μm 左右的孔，很多来自自身，即使此时出现裂缝，但较多内部独立封闭孔隙可抑制裂缝的生长。

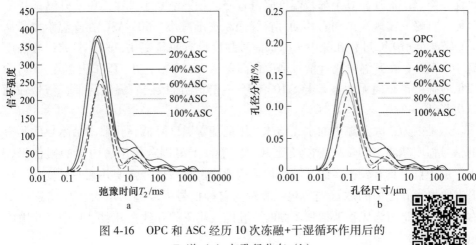

图 4-16　OPC 和 ASC 经历 10 次冻融+干湿循环作用后的
T_2 谱（a）与孔径分布（b）

图 4-16 彩图

由表 4-10 可知，20%ASC 和 40%ASC 的渗透率较大，自由流体饱和度较大，说明这两种混凝土在冻融+干湿双因素作用下的内部损伤较严重，出现了更多的孔隙与裂缝，OPC 的损伤情况比这两种 ASC 稍好一些；随着风积沙掺量的增加，损伤程度越来越轻；100%ASC 束缚流体饱和度最大、孔隙度最大，但渗透率最小，说明 100%ASC 经历 10 次冻融+干湿循环，在冻胀压与膨胀压的耦合作用，以及独立大孔隙卸压作用和抑制裂缝生长的作用下，损伤程度最小。

表 4-10　OPC 和 ASC 经历 10 次冻融+干湿循环后的孔隙度与渗透率

混凝土编号	束缚流体饱和度/%	自由流体饱和度/%	孔隙度/%	渗透率/mD
OPC	86.579	13.421	1.853	0.143
20%ASC	85.316	14.684	2.071	0.182
40%ASC	86.558	13.442	3.292	0.177
60%ASC	88.882	11.118	1.335	0.063
80%ASC	89.063	10.937	2.347	0.047
100%ASC	90.866	9.134	3.329	0.032

4.3.3.3　ASC 经历 10 次冻融+干湿双因素作用后冰冻与融化阶段的 NMR 孔结构分析

A　T_2 谱

图 4-17 所示为 20%ASC、60%ASC 和 100%ASC 的 3 种混凝土在交变温度下（即冷冻过程与融化过程）NMR 的 T_2 谱与孔径分布曲线。20%ASC 在 0 ℃降温至 -20 ℃阶段，随着温度的逐渐降低，首峰位置逐渐向左移动；除在 -10 ℃时

峰面积突然增加外，其余随着温度降低首峰面积逐渐减小；在-20 ℃升温至 0 ℃阶段，首峰又出现逐渐向右移动，首峰面积逐渐减小。60%ASC 在降温阶段，从 0 ℃降温至-10 ℃过程孔隙中未冻水信号强度没有明显变化，-20 ℃的信号强度高于-15 ℃；在升温阶段，信号强度最高仍然为-20 ℃，在-15 ℃升温至-5 ℃阶段信号强度最小但无明显差异。100%ASC 在降温阶段随着温度降低，信号强度依次降低。

这是因为：大孔隙中的水先结冰，因此随着温度降低，孔隙水结冰导致测得的信号强度减弱，60%ASC 在经受 10 次冻融+干湿耦合作用后内部的损伤仍较小，由于自身具有较密实的孔隙结构，因此降温阶段信号强度并无明显变化。在升温阶段大孔隙中的冰首先融化，表现为首峰信号强度逐渐增大，T_2 谱逐渐向右移动，但是因为风积沙掺量不同时，孔隙大小不同导致在升温过程中，孔隙中冰融化也有所差异。

B　孔径分布

混凝土的真实孔径结构可以通过常温下得到的孔径分布图来反映，已经通过常温下的孔径分布知道，3 组 ASC 中 0.1 μm 左右的孔最多。随着环境温度的降低，混凝土中大孔隙的水先结冰，小孔隙的水虽不易结冰，但是，从孔径分布图 4-17 上看到其孔径分布不断降低，推测是由于冰吸附了小孔隙中的部分水，因此造成孔径分布的下降。从相同的混凝土在-20 ℃融化到 0 ℃过程中的孔径分布图，可看出其首峰孔径分布变化比较大，可认为混凝土在不同温度阶段对应的冰出现融化；60%ASC 在融化过程-20 ℃得到的首峰孔径分布最大，对应 0.1 μm 左右的孔最多，是因为内部自身小孔隙多，在-20 ℃时 0.1 μm 左右的孔隙内冰吸附了一部分小孔隙中的水导致孔径分布最大。

表 4-11 为 3 种 ASC 经历 10 次冻融+干湿循环作用下冻融过程中的孔隙参数。在冷冻过程中，在 0 ℃以下，随着温度降低，20%ASC、60%ASC 和 100%ASC 的孔隙度和渗透率逐渐减小，束缚流体饱和度逐渐增大；随着温度的升高孔隙度和渗透率逐渐增大，束缚流体饱和度逐渐减小。这说明 3 组混凝土随着温度降低，均表现为大孔隙中的水先结冰，温度升高时也是大孔隙中的冰先融化，但是由于各组 ASC 的孔隙情况不同，结冰与融化速度表现不同。

在升温过程中，可发现从-20~-5 ℃和从-5~0 ℃，混凝土的孔径分布有一个变化的趋势。分析原因可能是由于样品始终处于 0 ℃以下，混凝土中的冰吸附部分的水导致了水的信号强度降低。0 ℃时，60%ASC 中的水并没有结冰，而 20%ASC 和 100%ASC 的水均有少量的结冰，即孔隙度小的混凝土在 0 ℃下更难结冰。

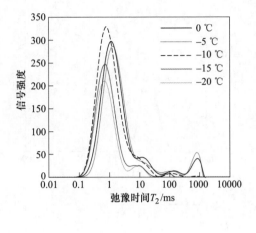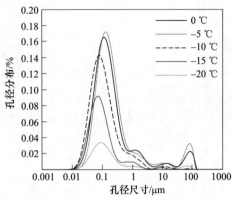

a

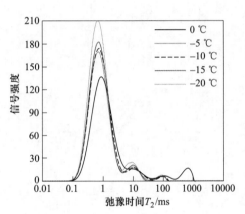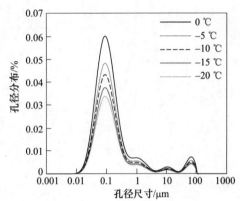

b

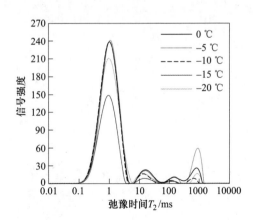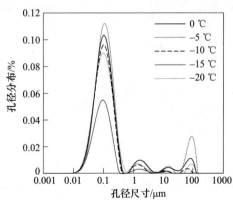

c

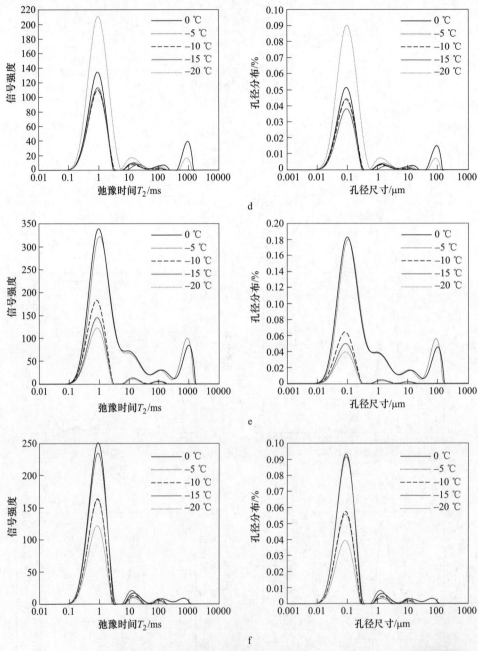

d

e

f

图 4-17　ASC 经历 10 次冻融+干湿双因素作用后不同温度
阶段的 T_2 谱与孔径分布

a—20%ASC 冻结阶段；b—20%ASC 融化阶段；c—60%ASC 冻结阶段；
d—60%ASC 融化阶段；e—100%ASC 冻结阶段；f—100%ASC 融化阶段

图 4-17 彩图

表 4-11　ASC 经历 10 次冻融+干湿循环后冻结过程与融化过程的孔隙度与渗透率

混凝土编号	状态	温度/℃	束缚流体饱和度/%	自由流体饱和度/%	孔隙度/%	渗透率/mD
20%ASC	冻结	0	86.141	13.859	2.736	1.45
		−5	85.093	14.907	2.823	1.949
		−10	94.847	5.153	2.216	0.071
		−15	96.055	3.945	1.267	0.004
		−20	96.11	3.89	0.95	0.001
	融化	−15	95.394	4.607	0.869	0.001
		−10	94.824	5.176	0.897	0.001
		−5	95.194	4.806	0.802	0.001
		0	88.28	11.72	0.953	0.014
60%ASC	冻结	0	87.627	12.374	1.42	0.081
		−5	83.774	16.226	1.574	0.23
		−10	94.711	5.289	1.23	0.007
		−15	95.814	4.186	0.675	0.011
		−20	92.633	7.367	1.287	0.017
	融化	−15	95.28	4.721	0.454	0
		−10	94.738	5.262	0.549	0
		−5	94.055	5.945	0.556	0
		0	82.726	17.274	0.704	0.01
100%ASC	冻结	0	78.523	21.477	3.481	0.098
		−5	76.95	23.05	3.454	0.077
		−10	95.049	4.952	0.792	0.001
		−15	94.094	5.906	0.613	0.001
		−20	93.789	6.211	0.482	0.001
	融化	−15	94.957	5.043	1.145	0.004
		−10	94.619	5.381	0.696	0
		−5	94.542	5.458	0.668	0
		0	92.289	7.711	1.169	0.013

4.3.3.4　风积沙掺量对 NMR 孔结构的影响

如图 4-18 所示，明显看到从 0 ℃降温到−5 ℃这段时间，孔隙内的水还没有结冰，因此，100%ASC 混凝土的核磁共振主峰信号强度最大，60%ASC 因为其组织结构最为致密，孔隙数量最小，因此其主峰信号强度最低，其孔径分布不断降低；但是继续降温到-10 ℃时，大孔内的水先结冰，因为100%ASC大孔数量最多，因此出现信号向左移动且主峰信号强度降低；继续降温至-20 ℃，60%ASC的小孔内出现结冰，结冰导致其结构内部又出现新的裂缝，是主峰信号强度增加的原因。在融化阶段，大孔内的冰先融化，100%ASC的信号向右移动，主峰信号强度增加，而60%ASC的主峰信号强度变化较小，说明随着风积沙掺量的增加，混凝土内部孔隙含量在增加，100%ASC达到最大。

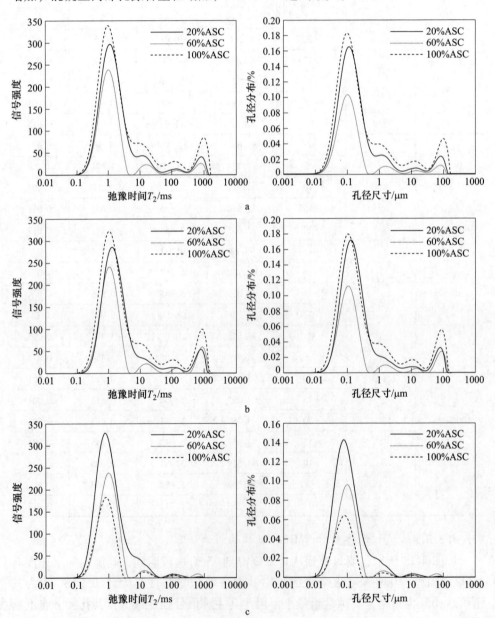

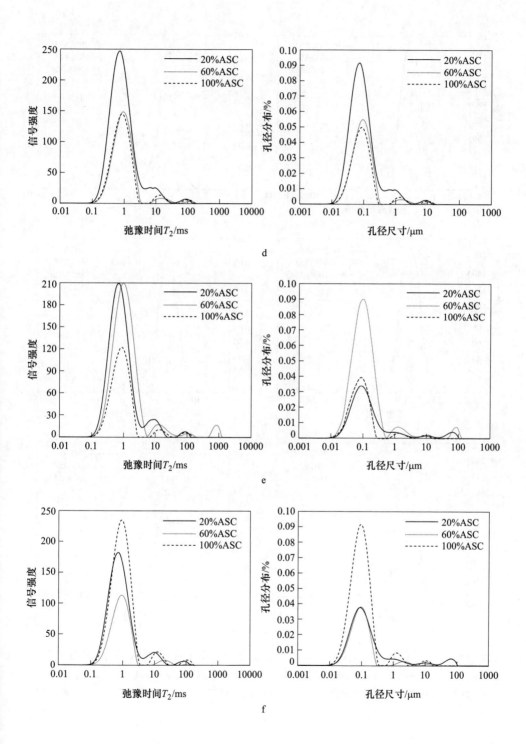

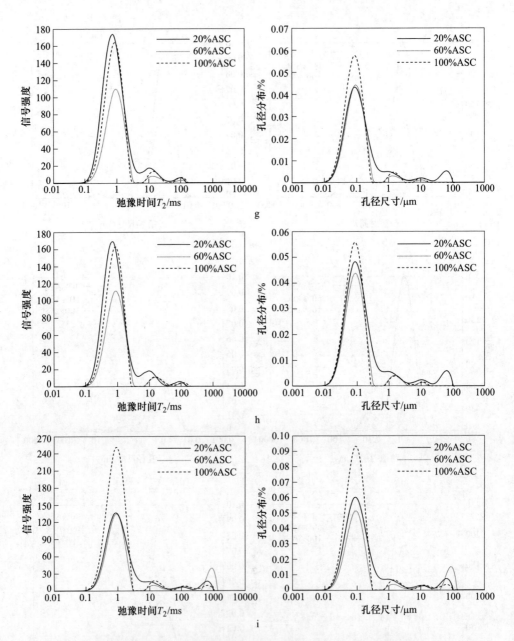

图 4-18　ASC 经历 10 次冻融+干湿循环后不同温度阶段风积沙掺量对 T_2 谱与孔径分布影响

a—0 ℃冻结阶段；b— -5 ℃冻结阶段；c— -10 ℃冻结阶段；d— -15 ℃冻结阶段；
e— -20 ℃冻结阶段；f— -15 ℃融化阶段；g— -10 ℃融化阶段；h— -5 ℃融化阶段；i—0 ℃融化阶段

4.3.4　ASC 在冻融+干湿双因素作用下不同温度的静水压力

根据 Powers 分析[40-42]，水泥石在未完全饱和水状态下的最大静水压力可表示为：

$$p_{max} = \frac{\eta}{3}\left(1.09 - \frac{1}{s}\right)\frac{uR}{K}\phi(L) \tag{4-5}$$

式中，p_{max} 为最大静水压力；η 为水的动力黏滞系数；K 为水泥石的渗透系数；R 为降温速率；u 为温度每降低 1 ℃冻结水的增加率；s 为饱水的程度；$\phi(L)$ 为与气孔间距和半径有关的函数，$\phi(L) = \frac{L^3}{r_b} + \frac{3L^2}{2}$；$L$ 为气孔间距的一半，r_b 为气孔半径。

水泥石在完全饱水状态下（$s = 1$）的最大静水压力为：

$$p_{max} = 0.03\eta\frac{uR}{K}\phi(L) \tag{4-6}$$

低温环境下混凝土产生开裂的原因是其内部静水压力超过了水泥石或集料的抗拉强度，因此，缩小气孔间距或者选择密实、粒径较小的集料可以降低静水压力，在混凝土中合理使用引气剂可以提高混凝土的含气量，减小硬化后混凝土的气孔间距，达到提高抗冻性的要求，因此平均气孔间距系数已经成为评价混凝土的抗冻性能的重要指标。

在 ASC 经历冻融+干湿循环双因素试验降温过程中，孔隙中充满水，按照 Powers 的静水压力计算公式，需要求出水的动力黏滞系数。根据文献［136］可知，不同温度下水的动力黏滞系数 η，温度降低，水的动力黏滞系数增大，温度升高水的动力黏滞系数减小，见表 4-12。

表 4-12　各温度下水的动力黏滞系数 η

温度/℃	−20	−15	−10	−5	0	5	10	15	20
η/Pa·s	4.096 ×10⁻³	3.438 ×10⁻³	2.886 ×10⁻³	2.423 ×10⁻³	2.034 ×10⁻³	1.516 ×10⁻³	1.31 ×10⁻³	1.144 ×10⁻³	1.01 ×10⁻³

按照渗透系数的经验公式[136]：

$$K = \varepsilon \cdot \frac{\rho g}{\eta} \tag{4-7}$$

式中，ε 为多孔材料的渗透率，mD；ρ 为流体的密度，g/cm³；g 为重力加速度，m²/s；η 为水的动力黏滞系数，mPa·s。

对经历冻融+干湿循环作用后的混凝土，可通过核磁共振得到不同温度对应的渗透率（见表 4-11），进一步计算出 K，见表 4-13。

表 4-13　不同温度下 3 组 ASC 的渗透系数 K

状态	温度/℃	$K/m \cdot s^{-1}$		
		20%ASC	60%ASC	100%ASC
冻结状态	0	3.540×10^{-3}	0.198×10^{-3}	0.239×10^{-3}
	−5	5.668×10^{-3}	0.669×10^{-3}	0.224×10^{-3}
	−10	0.246×10^{-3}	0.024×10^{-3}	0.0035×10^{-3}
	−15	0.017×10^{-3}	0.045×10^{-3}	0.0041×10^{-3}
	−20	0.005×10^{-3}	0.084×10^{-3}	0.0049×10^{-3}

在降温阶段，利用核磁共振仪测试不同温度区段混凝土的孔结构参数，通过不同温度区段降温所消耗的时间即可计算出不同温度段的降温速率见表 4-14，计算公式如下：

$$R = \frac{|T_2 - T_1|}{t} \tag{4-8}$$

式中，R 为不同温度区段的降温速率，℃/s；T_1、T_2 为降温区段的开始与结束的温度，℃；t 为该温度区段降温所消耗的时间，s。

由表 4-14 中数据可发现，不同混凝土样品在不同温度区段的降温速率变化规律基本是一致的，随着温度的降低，其降温速率越来越慢；但不同降温区段 3 组 ASC 的降温速率有差异，实际上反映的是混凝土内部孔隙水结冰的快慢。

表 4-14　不同温度区段 3 组 ASC 的降温速率 R

混凝土编号	开始温度/℃	结束温度/℃	降温速率 R /℃·s^{-1}	混凝土编号	开始温度/℃	结束温度/℃	降温速率 R /℃·s^{-1}	混凝土编号	开始温度/℃	结束温度/℃	降温速率 R /℃·s^{-1}
20%ASC	0	−5	3.62	60%ASC	0	−5	3.40	100%ASC	0	−5	3.51
	−5	−10	2.76		−5	−10	2.87		−5	−10	2.58
	−10	−15	1.48		−10	−15	1.52		−10	−15	1.46
	−15	19.56	0.91		−15	19.34	0.76		−15	19.91	1.05

利用核磁共振仪对不同样品测试之前，首先利用标定样品对不同的待测样品定标，分别调节温度值 20 ℃、15 ℃、10 ℃、5 ℃和 0 ℃，测试不同温度下样品的信号强度，几组信号强度完全呈线性趋势，进行线性回归并延长至负温区，得到样品在不同温度下对应信号强度的回归线。负温区回归线某温度对应的信号强度，实际上反映的是样品孔隙中所有水的信号强度值。由于 NMR 检测不到冰的信号，因此温度降低后 NMR 检测到的信号强度实际上反映的是未冻水含量[89]，计算公式如下：

$$\psi = \frac{I_1}{I_0} \times w \tag{4-9}$$

式中，ψ 为未冻水含量，%；I_1、I_0 为某温度对应的实测信号强度与回归线上该温度对应的信号强度；w 为混凝土样品的水含量，%。

根据测试得到的不同混凝土样品在不同温度下的信号强度，即可求得各组 ASC 在降温过程中不同温度对应的未冻水含量 ψ。

降温过程中 ASC 的未冻水含量 ψ 见表 4-15。

表 4-15   降温过程 3 组 ASC 的未冻水含量 ψ

混凝土编号	温度/℃	未冻水含量 ψ/%	混凝土编号	温度/℃	未冻水含量 ψ/%	混凝土编号	温度/℃	未冻水含量 ψ/%
20%ASC	0	2.810	60%ASC	0	1.168	100%ASC	0	6.020
	-5	2.571		-5	1.160		-5	5.534
	-10	2.703		-10	0.996		-10	1.765
	-15	1.688		-15	0.533		-15	1.291
	-19.56	1.320		-19.34	0.913		-19.91	1.000

当温度降低到 0 ℃ 以下时，3 组 ASC 的信号强度变弱，随着温度的降低而降低，但是温度降低到一定程度后降低的幅度在减小；并且发现 60%ASC 在 0 ℃ 时的未冻水含量接近其孔隙度 1.42%，20%ASC 在 0 ℃ 时的未冻水含量接近其孔隙度 2.736%，而 100%ASC 在 0 ℃ 时的未冻水含量与其孔隙度 3.481% 相差较大，20%ASC 和 60%ASC 内部小孔数量较多，小孔内的水难结冰。

按照 3 种 ASC 在冷冻过程中的未冻水量，利用式（4-10）可以求出其在各降温区间每降温 1 ℃ 时的水结冰增加率（结冰速率），计算结果见表 4-16。

$$u = \frac{(1-\psi)w}{|T_2 - T_1|} \tag{4-10}$$

式中，u 为结冰速率，℃$^{-1}$；ψ 为未冻水含量，%；w 为混凝土水含量，%；T_1、T_2 分别为降温区段开始与结束的温度，℃。

表 4-16   各降温区间 3 组 ASC 的结冰速率 u

降温区间	u/℃$^{-1}$		
	20%ASC	60%ASC	100%ASC
0 ℃→-5 ℃	4.8×10^{-4}	0.21×10^{-4}	5.57×10^{-4}
-5 ℃→-10 ℃	1.54×10^{-4}	3.48×10^{-4}	10.79×10^{-4}
-10 ℃→-15 ℃	9.52×10^{-4}	6.28×10^{-4}	3.3×10^{-4}
-15 ℃→-20 ℃	4.14×10^{-4}	2.63×10^{-4}	2.17×10^{-4}

按照式（4-6）即可计算 20%ASC、60%ASC 和 100%ASC 在降温过程中由于水结冰所产生的最大静水压力，计算结果见表 4-17。

表 4-17　3 组 ASC 降温过程产生的静水压力 p_{max}

降温区间	p_{max}/MPa		
	20%ASC	60%ASC	100%ASC
0 ℃→-5 ℃	0.018	0.0078	0.015
-5 ℃→-10 ℃	0.049	0.0307	0.0167
-10 ℃→-15 ℃	0.0663	0.0329	0.0183
-15 ℃→-20 ℃	0.080	0.0523	0.0317

通过比较 3 组不同风积沙掺量的 ASC 在降温阶段由于水结冰所产生的静水压力，发现 3 组 ASC 的静水压都是随着温度的降低而升高，100%ASC 在-5 ℃降温至-20 ℃过程中内部所产生的静水压力较小，20%ASC 在 0 ℃降温至-20 ℃过程中产生了比较大的静水压力，60%ASC 在整个降温过程中所产生的静水压力介于两者之间。因为 20%ASC 内部含有更多的开口型孔隙和连通的裂缝，在低温过程中大孔中水结冰就多，未冻水在挤出过程中受到阻碍而产生的静水压就大；60%ASC 自身因为较密实的孔隙结构，孔隙中水结冰量就少，未冻水部分在移动过程中产生较小的静水压；100%ASC 虽然孔隙数量最大，但是内部独立封闭性的大孔隙最多，这部分大孔隙水结冰后孔隙内未冻水含量本来就少，未冻水基本上都被束缚在大孔隙中，产生的静水压非常小，静水压只在其他孔隙内产生，导致在降温过程中产生的静水压较小。因此，在冻融+干湿循环因素作用下，100%ASC 由于较小的静水压导致其损伤程度较小，表现为具有较好的抗冻性。

4.4　本章小结

本章进行了盐腐蚀+冻融、盐腐蚀+干湿、冻融+干湿双因素作用下耐久性试验，研究表明：

（1）掺量大于或等于 60% 的 ASC 盐腐蚀+冻融损伤主要表现为表层剥落与开裂，相对动弹性模量不断下降，而 80%ASC、100%ASC 主要表现为表面的剥蚀和相对动弹性模量的不断下降，未出现表面开裂；20%ASC 和 40%ASC 的损伤最快，风积沙掺量增大，ASC 的抗盐冻性能增强，100%ASC 的损伤最慢，其抗盐腐蚀+冻融作用能力最好。

（2）ASC 经历盐腐蚀+干湿循环作用时无表面剥落现象，全过程表现为质量在增加，NaCl 溶液中质量增加幅度小于 Na_2SO_4 溶液和复合溶液。在 3 种盐溶液中，ASC 经历 NaCl 溶液腐蚀+60 ℃干湿循环的次数最大，经历 NaCl 溶液腐蚀+

100 ℃干湿循环次数最小。

（3）盐环境下温度和湿度对 ASC 的耐久性能影响较大，温度越高，这种影响越大。干湿循环条件下盐结晶加速，温度越高结晶越明显，盐结晶体压力和盐结晶水压力、蒸汽压交替对 ASC 产生损伤；盐结晶压力在 60 ℃条件下硫酸钠结晶快于氯化钠，而在 100 ℃条件下氯化钠结晶速度快于硫酸钢。ASC 经历盐腐蚀+干湿循环的损伤大于干湿循环单因素的损伤。

（4）ASC 经历冻融+干湿循环作用后，风积沙掺量在 60%以下的 ASC 由于相对动弹性模量损失到 60%而破坏，80% ASC 和 100% ASC 表现为表面逐渐剥蚀造成质量损失率超过 5%而达到破坏标志。掺量大于 60%的 ASC 能经历更多的循环次数，说明大掺量的 ASC 在经历冻融+干湿循环作用时有较好的耐久性能。计算在不同降温阶段所产生的静水压力，100% ASC 的静水压力最小，20% ASC 最大。结合 3 种混凝土自身的孔隙特征，说明 100% ASC 在冻融因素作用下具有较好的抗冻性能。

5 ASC 在三因素作用下的损伤失效研究

中国西北地区很多水利混凝土设施、构筑物在低温环境下服役，且很多位于盐渍土、盐湖地区水位线附近，要反复经历盐腐蚀+冻融+干湿循环三因素这样严酷的自然环境作用。因此，研究 ASC 在三因素复杂环境耦合作用下的耐久性能及机理，有助于在上述环境下更准确、合理地进行 ASC 耐久性能设计，并使之在上述地区推广使用。

5.1 ASC 在三因素作用下的损伤失效规律

5.1.1 ASC 在三因素作用下的破坏现象

图 5-1a 和 b 所示为在复合盐与氯化钠溶液中经受 10 次三因素循环作用后的破坏现象，各风积沙掺量的 ASC 在复合盐溶液中的表面损伤比在氯化钠溶液中严重，表层的水泥浆薄膜已完全脱落，部分试块已出现骨料外露。图 5-1c 所示为 80%ASC、100%ASC 两种混凝土在 3 种盐溶液环境下经历 35 次循环作用后的表观，在硫酸钠溶液中的损伤程度就比氯化钢和复合盐溶液中严重，表明：3 种盐溶液中，100%ASC 的损伤程度明显比 80%ASC 小，100%ASC 的损伤程度最小，在 3 种盐溶液中测得的质量损失大小依次为 3.85%（Na_2SO_4+NaCl）溶液>3.5%NaCl 溶液>5.0%Na_2SO_4 溶液。通过单因素与双因素试验数据表明，干湿循环作用不会导致混凝土表层脱落、表层剥蚀，即脱落现象主要是由冻融作用引

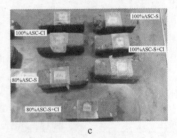

图 5-1 ASC 在盐腐蚀+冻融+干湿循环耦合作用后的破坏现象

a—3.85%（Na_2SO_4+NaCl）溶液+冻融+干湿循环 10 次；b—NaCl 溶液+冻融+干湿循环 10 次；

c—80%ASC、100%ASC 在 3 种盐溶液中腐蚀+冻融+干湿循环 35 次

起。Na$_2$SO$_4$浓度最高,在冻融过程中水结冰速度最慢,结冰压力最小,因此表层剥蚀最小。但在盐结晶压、蒸汽压和结冰压的复杂耦合作用下,盐浓度并不是混凝土损伤加剧的唯一影响因素,还受盐溶液种类、循环作用次数、孔隙结构和环境温度的影响。

5.1.2 ASC 在三因素作用下的质量损失率

如图 5-2 所示,掺量小于或等于 40%ASC 在盐腐蚀+冻融+干湿耦合作用下其质量损失率与循环作用次数基本上呈线性关系,质量损失率较大,在 3 种盐溶液中均表现为由内向外不断延伸到表面的裂缝,并逐渐发展成裂纹网,导致表层脱落直至混凝土崩溃。掺量大于 60%以上的 ASC 质量损失则表现为表面粒状剥蚀,质量损失明显要比低掺量的混凝土慢。与其他掺量混凝土相比,100%ASC 质量损失率最小,说明 100%ASC 抵抗三因素作用的能力提高。

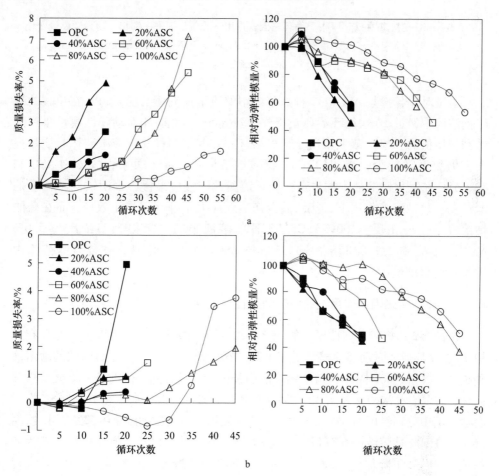

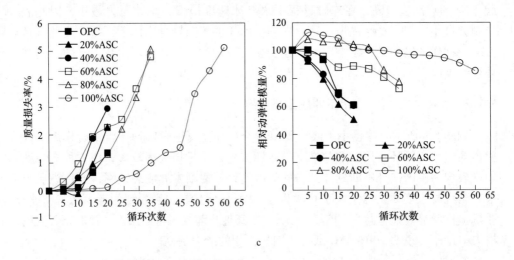

c

图 5-2 ASC 在盐腐蚀+冻融+干湿循环三因素作用下的质量损失率和相对动弹性模量变化
a—3.85% (Na$_2$SO$_4$+NaCl) 溶液腐蚀+冻融+干湿；b—5.0%Na$_2$SO$_4$ 溶液腐蚀+冻融+干湿；
c—3.5%NaCl 溶液腐蚀+冻融+干湿

通过对比各掺量 ASC 在 3 种盐溶液中的质量损失率发现，OPC 在单一的硫酸钠溶液中经过 20 次循环后质量损失率达到 5%，此时相对动弹性模量迅速降低到初始值的 60%，表明混凝土已经破坏；在其他两种盐溶液中破坏时质量损失率仍然下降较少，表明 OPC 在硫酸钠溶液中的损伤更严重。60% ASC 和 80% ASC 在氯化钠溶液中损失最快，在硫酸钠溶液中最慢，表明这两种掺量的 ASC 在氯化钠溶液作用下，盐结晶损伤负效应大于抑制损伤正效应；而在硫酸钠溶液中正好相反。100% ASC 在 3 种盐溶液中的质量损失率依次为 5.0% Na$_2$SO$_4$ 溶液>3.5%NaCl 溶液>3.85%（Na$_2$SO$_4$+NaCl）溶液，在复合盐溶液中质量损伤程度最小。

5.1.3 ASC 在三因素作用下的相对动弹性模量变化

由图 5-2 的相对动弹性模量的变化曲线可知，掺量小于或等于 40% ASC 在经历 20 次循环后相对动弹性模量迅速下降到初始值的 60%，与经历腐蚀的盐溶液种类没有关系；60% ASC 在硫酸钠溶液中经历 25 次循环后 E_r 迅速下降至 60% 并破坏，在复合盐溶液中经历 40 次循环后才达到破坏；80% ASC 和 100% ASC 在复合盐溶液中分别经历 40 次、55 次循环达到破坏，在硫酸钠溶液中都经历 45 次循环。而在氯化钠溶液中 60% 以上掺量的 ASC 破坏时其相对动弹性模量仍然为初始值的 80%，下降很小。风积沙掺量超过 60% ASC 抵抗三因素耦合作用的能力提高，100% ASC 抵抗三因素耦合作用的能力最好。

在不同盐溶液中经历盐腐蚀+冻融+干湿循环作用后，ASC 的损伤机理明显不同。3 种溶液浓度依次为 5.0%Na_2SO_4 溶液>3.85%(Na_2SO_4+NaCl)溶液>3.5% NaCl 溶液，浓度为 3.5%的氯化钠浓度最低，因此经历冻融后在孔隙中产生的结冰压最大，结冰压力最终会造成混凝土裂缝不断发展到表面，在表面形成交叉裂纹网，质量快速下降。而在浓度最高的硫酸钠溶液由于产生较小的结冰压力恰恰是质量损失最小，复合盐溶液中的质量损失介于两者之间。伴随干湿循环过程孔隙内盐结晶产生结晶压，水蒸发产生蒸汽压。硫酸钠溶液虽然浓度最高，冻融过程产生的结冰压较低，但干湿循环过程形成的 Na_2SO_4 和 $CaSO_4$ 结晶体产生的结晶压却比较大。因此，反复耦合作用下，并非只有盐浓度影响 ASC 的损伤，还受 ASC 的孔隙结构、环境因素的影响。100%ASC 的孔隙含量最高，独立大孔隙最多，在干湿循环条件下由于结晶产生的结晶压与冻融条件下水结冰产生的结冰压得到了有效的释放，因此，提高风积沙掺量，可显著提高 ASC 的抵抗三因素耦合作用的能力，100%ASC 抵抗三因素作用能力最好。

5.1.4 破坏时 ASC 与 OPC 经历循环的次数

在三因素作用下，比较不同掺量 ASC 经历的三因素循环作用次数，在复合盐溶液中分别为 100%ASC(55 次)>60%ASC 和 80%ASC(40 次)>掺量不超过 40% 的 ASC（20 次）；在硫酸钠溶液中为 80%ASC 和 100%ASC(45 次)>60%ASC(25 次)>掺量不超过 40%的 ASC(20 次)；在氯化钠溶液中为 100%ASC(55 次)>60% ASC 和 80%ASC(35 次)>掺量不超过 40%的 ASC(20 次)。

如图 5-3 所示，在复合盐溶液与硫酸钠溶液中 ASC 经历三因素循环作用的次数都大于 OPC；在氯化钠溶液中只有 20%ASC 的循环次数低于 OPC；ASC 经历复合循环次数随着风积沙掺量的增加而增加，100%ASC 经历循环次数达到最大；掺量大于 60%的 ASC 在 3 类盐溶液中抵抗盐腐蚀+冻融+干湿耦合作用的能力依次为 3.85%(Na_2SO_4+NaCl) 溶液>3.5%NaCl 溶液>5.0%Na_2SO_4 溶液，在每组盐溶液中都表现为掺量越大抵抗三因素作用能力最好。

ASC 和 OPC 经历三因素作用次数的比值与风积沙掺量 C_{AS} 的关系式为式（5-1）~式（5-3）。

复合溶液中：
$$N_{ASC}/N_{OPC} = 0.6C_{AS} + 0.4 \tag{5-1}$$

硫酸钠溶液中：
$$N_{ASC}/N_{OPC} = 0.5C_{AS} + 0.2333 \tag{5-2}$$

氯化钠溶液中：
$$N_{ASC}/N_{OPC} = 0.5414e^{0.3332C_{AS}} \tag{5-3}$$

明显看出，在盐腐蚀+冻融+60 ℃干湿三因素耦合作用下，100%ASC 可经受最高的循环次数。

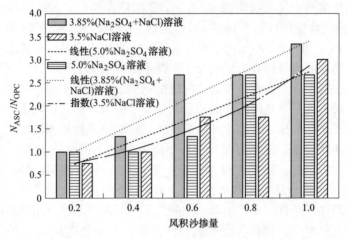

图 5-3　破坏时 ASC 与 OPC 经历盐腐蚀+冻融+干湿循环次数比值

5.2　ASC 在三因素作用下的损伤失效方程

5.2.1　3.85%（Na₂SO₄+NaCl）溶液

由表 5-1 可知，40%ASC、80%ASC 和 100%ASC 均符合开口向下先增加后降低的二次抛物线损伤特征，损伤速度较其他 3 种混凝土的慢，3 种 ASC 损伤初速度为负，说明相对动弹性模量在增加，100%ASC 的损伤加速度最小。OPC、20%ASC 和 60%ASC 损伤符合开口向下不断下降的抛物线特征，损伤较快，20%ASC损伤最快，60%ASC 在 3 种混凝土中损伤初速度与损伤加速度均较小，整个循环过程中损伤较慢。因此，表明 100%ASC 在复合盐溶液中抵抗三因素耦合作用的能力最好。

表 5-1　OPC 和 ASC 在 3.85%（Na₂SO₄+NaCl）溶液腐蚀+冻融+干湿循环
三因素作用后的损伤演化方程

混凝土编号	损伤演化方程	损伤速度方程	损伤初速度	损伤加速度	R^2
OPC	$-0.1062N^2-0.1636N+100$	$0.2124N+0.1636$	0.1636	0.2124	0.9793
20%ASC	$-0.1054N^2-0.7242N+100$	$0.2108N+0.7242$	0.7242	0.2108	0.9638
40%ASC	$-0.1487N^2+0.7763N+100$	$0.2974N-0.7763$	-0.7763	0.2974	0.9301
60%ASC	$-0.0232N^2-0.0402N+100$	$0.0464N+0.0402$	0.0402	0.0464	0.8935
80%ASC	$-0.0301N^2+0.1712N+100$	$0.0602N-0.1712$	-0.1712	0.0602	0.969
100%ASC	$-0.0231N^2+0.4323N+100$	$0.0462N-0.4323$	-0.4323	0.0462	0.9807

5.2.2　5.0%Na$_2$SO$_4$溶液

由表 5-2 可看出，在 Na$_2$SO$_4$ 溶液腐蚀+冻融+干湿耦合作用下，OPC 和 20% ASC 损伤符合开口向上且快速下降的一段抛物线特征，损伤速度最快；而 40% ASC、60%ASC 和 100%ASC 表现为开口向下抛物线形损伤，100%ASC 的损伤初速度和二次损伤加速度均最小，表明 100%ASC 在硫酸钠溶液中抵抗三因素耦合作用的能力最好。

表 5-2　OPC 和 ASC 在 5.0%Na$_2$SO$_4$ 溶液腐蚀+冻融+干湿循环
三因素作用后的损伤演化方程

混凝土编号	损伤演化方程	损伤速度方程	损伤初速度	损伤加速度	R^2
OPC	$0.0325N^2-3.029N+100$	$-0.0650N+3.029$	3.029	-0.065	0.9709
20%ASC	$0.0396N^2-3.3149N+100$	$-0.0792N+3.3149$	3.3149	-0.0792	0.9992
40%ASC	$-0.0374N^2-1.7243N+100$	$0.0748N+1.7243$	1.7243	0.0748	0.985
60%ASC	$-0.1223N^2+1.1157N+100$	$0.2446N-1.1157$	-1.1157	0.2446	0.9919
80%ASC	$-0.0456N^2+0.7837N+100$	$0.0912N-0.7837$	-0.7837	0.0912	0.9878
100%ASC	$-0.0198N^2-0.0413N+100$	$0.0396N+0.0413$	0.0413	0.0396	0.9498

5.2.3　3.5%NaCl 溶液

由表 5-3 可知，在 NaCl 溶液腐蚀+冻融+干湿耦合作用下损伤均表现为抛物线形损伤特征。掺量在 20%~60% 的 ASC 损伤程度较严重，其相对动弹性模量变化符合开口向下并不断下降的抛物线模式，20%ASC 与 40%ASC 初始损伤最严重，并分别以 0.0788 与 0.0472 的加速度加速损伤；在 3 种混凝土中，60%ASC 的初始损伤速度和二次损伤加速度均较小，说明其损伤比 20%ASC 与 40%ASC 慢。OPC 和掺量大于 60% 的 ASC 初始损伤速度为负，表明初始作用阶段相对动弹性模量在增加，但 OPC 的二次损伤加速度较其他两种 ASC 大；掺量大于 60% 的 ASC 内部的损伤变化不大，相对动弹性模量下降较小，更多地表现为表面剥蚀造成质量损失率逐渐下降至 5% 达到破坏，100%ASC 二次损伤加速度最小。综合来看，掺量不小于 60% 的 ASC 中，只有 100%ASC 在整个循环过程中损伤程度较小，表明 100%ASC 在氯化钠溶液中抵抗三因素耦合作用的能力最好。

表 5-3　OPC 和 ASC 在 3.5%NaCl 溶液腐蚀+冻融+干湿循环
三因素作用后的损伤演化方程

混凝土编号	损伤演化方程	损伤速度方程	损伤初速度	损伤加速度	R^2
OPC	$-0.1104N^2+0.0622N+100$	$0.2208N-0.0622$	-0.0622	0.2208	0.9428
20%ASC	$-0.0394N^2-1.8111N+100$	$0.0788N+1.8111$	1.8111	0.0788	0.9893
40%ASC	$-0.0236N^2-1.6091N+100$	$0.0472N+1.6091$	1.6091	0.0472	0.9873
60%ASC	$-0.0098N^2-0.4093N+100$	$0.0196N+0.4093$	0.4093	0.0196	0.9523
80%ASC	$-0.0578N^2+1.3553N+100$	$0.1156N-1.3553$	-1.3553	0.1156	0.9545
100%ASC	$-0.0112N^2+0.4136N+100$	$0.0224N-0.4136$	-0.4136	0.0224	0.6679

5.3　ASC 在三因素作用后的微观机理分析

5.3.1　ASC 在三因素作用后的 SEM 形貌分析

5.3.1.1　3.85%(Na_2SO_4+NaCl) 溶液

ASC 在 3.85%(Na_2SO_4+NaCl) 溶液中经历 20 次冻融+干湿循环三因素作用下的微观结构形貌如图 5-4 所示。发现大量 C-H 及周边被粒状凝胶 C-S-H 水化产物填充，在 20%ASC 的界面区与孔隙内部发现填充大量柱状 Na_2SO_4 结晶体；而在 60%ASC 中明显看到其组织结构比较致密，发现呈絮状物的 C-S-H 结晶体，由于 60%ASC 结构致密，C-S-H 凝胶中的化合水与结晶水失去，失水速率加快，无水结晶体析出，可看到大量蜂窝状结构。100%ASC 中观察发现，在孔隙周边填充大量网状结晶体，有 NaCl 结晶体出现。

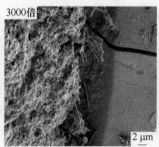

a

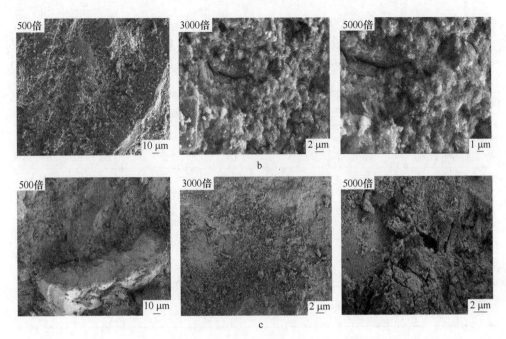

图 5-4   ASC 经历 10 次 3.85%（Na$_2$SO$_4$+NaCl）溶液腐蚀+冻融+
干湿循环三因素作用后的 SEM 形貌
a—20%ASC；b—60%ASC；c—100%ASC

　　3 种掺量的 ASC 在复合盐溶液环境中经历 10 次盐腐蚀+冻融+干湿循环三因素作用后的能谱与化学成分分析见表 5-4 和表 5-5。按照化学成分与含量分析推断在 3 种混凝土中均有水化产物 C-S-H（xCaO · SiO$_2$ · yH$_2$O）和 C-H（CaO · H$_2$O），在 20%ASC、60%ASC 和 100%ASC 中均发现了 AFt。20%ASC 和 100%ASC 中有来自盐溶液中的 Na$_2$SO$_4$ · 10H$_2$O 和化学腐蚀产物 CaSO$_4$ · 2H$_2$O。

表 5-4   20%ASC 在 3.85%（Na$_2$SO$_4$+NaCl）溶液腐蚀+冻融+干湿循环
三因素作用后的能谱分析

元素	O	Ca	S	Al	Si	Na	小计
质量分数/%	52.08	29.73	9.94	7.06	0.83	0.36	100
摩尔分数/%	70.55	16.08	6.72	5.67	0.64	0.34	100

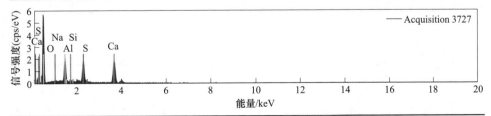

由表 5-5 可知，60%ASC 中发现 O 元素含量比其他两种混凝土中少，Ca 元素含量很高，主要是里面含有大量 C-H 和 C-S-H，也未发现 Na 元素，因为其致密的组织结构导致环境中的盐物质很难通过孔隙进入混凝土。

表 5-5　60%ASC 在 3.85%(Na_2SO_4+NaCl) 溶液腐蚀+冻融+
干湿循环三因素作用后的能谱分析

元素	O	Ca	S	Al	Si	小计
质量分数/%	20.05	61.3	1.07	1.12	16.46	100
摩尔分数/%	36.4	44.42	0.97	1.2	17.02	100

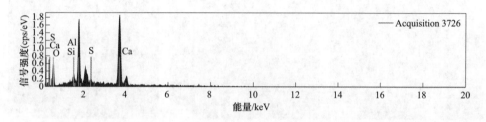

由表 5-6 可知，在 100% ASC 孔隙中还发现 NaCl、$CaCl_2$ 和含 Mg 物质，NaCl、$CaCl_2$ 来自盐溶液，含 Mg 物质则是来自细骨料风积沙。通过第 2 章风积沙成分分析可知，内部含有 MgO，100%ASC 风积沙含量高，骨料中的 MgO 参与水化反应生成 $MgCl_2$ 与 M-H，部分水化产物 C-H、M-H 与 NaCl、$CaCl_2$ 或者 $MgCl_2$ 发生化学结合形成含 Cl 的配合物 $Ca(OH)_2 \cdot CaCl_2 \cdot 12H_2O$ 或$Mg_2(OH)_3Cl \cdot 4H_2O$。

表 5-6　100%ASC 在 3.85%(Na_2SO_4+NaCl) 溶液腐蚀+冻融+干湿循环
三因素作用后的能谱分析

元素	O	Ca	S	Al	Si	Na	Mg	Cl	小计
质量分数/%	57.17	24.58	0.63	1.65	13.46	0.68	0.7	1.12	100
摩尔分数/%	73.87	12.68	0.41	1.27	9.91	0.61	0.59	0.65	100

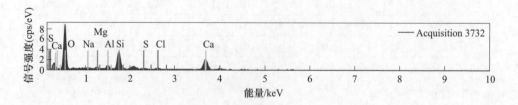

5.3.1.2　5.0%Na_2SO_4 溶液

如图 5-5 所示，20%ASC 和 100%ASC 内部生长大量的 C-S-H 凝胶、AFt 晶体

和块状单斜晶体 $Na_2SO_4 \cdot 10H_2O$（芒硝）和白色立方结晶体 $CaSO_4 \cdot 2H_2O$，AFt 晶体是由于溶液中的离子与孔隙周边的固体颗粒反应形成的。随着各向异性的 AFt 晶体产生，AFt 晶体与 Na_2SO_4 结晶体导致结晶压出现，这种结晶压在 100% ASC 中由于 AFt 数量的大量出现而表现得更为突出，在 100% ASC 中明显可见一些细微裂缝，但是这些裂缝止于内部独立大孔隙；60% ASC 内部没有看到 AFt 晶体，可见 Na_2SO_4 斜晶体出现，由于其内部孔隙量少，组织结构密实，在 Na_2SO_4 进入孔隙中缺少与固体颗粒形成 AFt 的结晶水，因此随着反复干湿与冻融，只是以 Na_2SO_4 结晶体的形式固定下来。

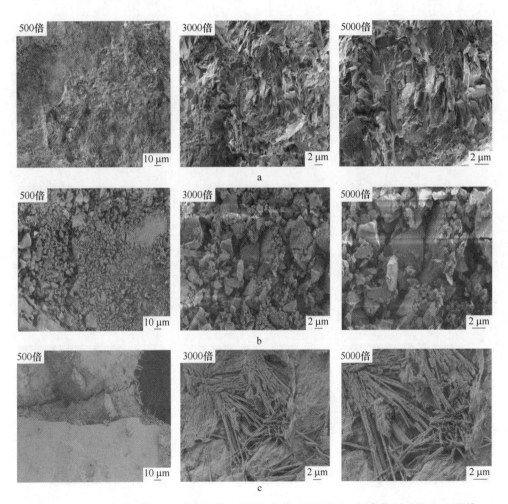

图 5-5　ASC 经历 10 次 5.0% 硫酸钠溶液腐蚀+冻融+干湿循环三因素作用后的 SEM 形貌

a—20% ASC；b—60% ASC；c—100% ASC

5.3.1.3　3.5%NaCl 溶液

在氯化钠溶液腐蚀+冻融+干湿循环三因素作用后 ASC 的 SEM 照片如图 5-6 所示，3 种 ASC 在界面区与裂缝内部填充了部分 NaCl 块状立方结晶体，NaCl 是来自盐溶液中的结晶相。在 20%ASC 中还发现了许多棒状钙矾石晶体，在钙矾石晶体与少量 NaCl 结晶体的共同结晶压力作用下，界面区产生许多裂缝；而 60% ASC 致密的组织结构内部主要分布 C-S-H 凝胶体，并且可见极少量的由于 NaCl 结晶体导致的微裂纹；100%ASC 内部可见明显的独立性大孔隙。

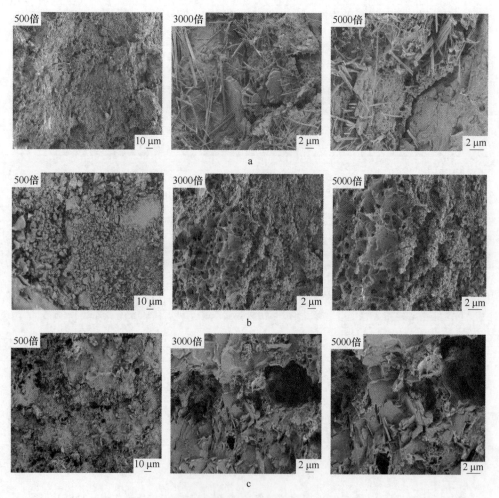

图 5-6　ASC 经历 10 次 3.5%氯化钠溶液腐蚀+冻融+干湿循环三因素作用后的 SEM 形貌
a—20%ASC；b—60%ASC；c—100%ASC

5.3.2　ASC 经历 10 次溶液循环后的 NMR 孔结构分析

图 5-7 所示为 ASC 在 3 种盐溶液中经历 10 次盐腐蚀+冻融+干湿作用下的 T_2 谱与孔径分布，3 种情况的 T_2 谱全部为 4 个峰，首峰与其他峰差异明显。在复合盐溶液中，60%ASC 的信号强度减弱，峰出现向左移动的趋势，说明孔隙减少导致孔隙内水的含量减小。通过孔径分布可知，100%ASC 的各种孔径分布最大，这是由于 100%ASC 自身孔径分布大，大孔隙多。在 Na_2SO_4 溶液中，同样发现 60%ASC 的各峰信号强度在 6 组混凝土中最低，首峰和第二峰差异最小，100%ASC 较低，表明在硫酸钠溶液中经历冻融+干湿循环后原有的小孔隙很多已发展发育，因此测得的小孔隙中水的信号强度减弱。在 NaCl 溶液中，发现随着风积沙掺量增加，T_2 谱对应的弛豫时间逐渐减少，信号强度减少，说明孔隙尺寸和相应孔隙含量在减少，即表明内部小孔隙微裂纹数量减少，在氯盐腐蚀+冻融+干湿循环作用下出现了更多更大的孔隙裂缝。

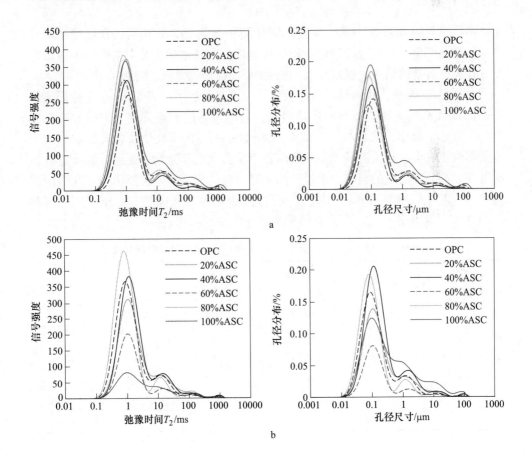

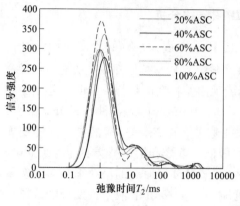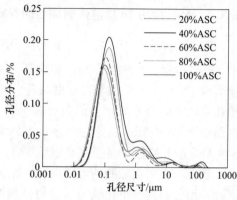

c

图 5-7　ASC 经历 10 次盐腐蚀+冻融+干湿循环作用后的 T_2 谱与孔径分布

a—3.85%（Na_2SO_4+NaCl）溶液腐蚀+冻融+干湿循环；

b—5.0%Na_2SO_4 溶液腐蚀+冻融+干湿循环；c—3.5%NaCl 溶液腐蚀+冻融+干湿循环

图 5-7 彩图

　　不同掺量的 ASC 在 3 种盐溶液中经历冻融+干湿循环作用后，在硫酸钠溶液中的损伤最严重，在复合盐溶液中损伤程度最小，氯化钠溶液中损伤介于两者之间。在同一种盐溶液中，掺量超过 60% 的 ASC 损伤较低掺量的 ASC 小。

　　ASC 经历 10 次三因素循环作用后的孔隙度与渗透率见表 5-7。在 3 种盐溶液中，100%ASC 的束缚流体饱和度均最大，自由流体饱和度最小，测得的孔隙度较大，渗透率最小。这是由于三因素作用过程中，100%ASC 独立大孔隙多导致所受蒸汽压较大，较大的蒸汽压导致混凝土又会出现部分新的裂缝，继续进入盐冻过程，部分新增加的裂缝由于盐结晶填充缝隙消除了部分结晶压力，孔隙内的盐溶液浓度降低导致结冰压力降低，且独立封闭性大孔隙具有卸压作用。因此100%ASC 实际损伤比较小，测得的渗透率比较小。

表 5-7　OPC 和 ASC 经历 10 次盐腐蚀+冻融+干湿循环后的孔隙度与渗透率

盐溶液种类及浓度	混凝土编号	束缚流体饱和度/%	自由流体饱和度/%	孔隙度/%	渗透率/mD
3.85%（Na_2SO_4+NaCl）溶液	OPC	88.173	11.827	2.347	1.189
	20%ASC	81.027	18.973	2.722	2.825
	40%ASC	84.595	15.405	2.436	1.102
	60%ASC	88.886	11.114	2.098	1.006
	80%ASC	90.529	9.471	2.898	0.675
	100%ASC	91.099	8.901	3.655	0.348

盐溶液种类及浓度	混凝土编号	束缚流体饱和度/%	自由流体饱和度/%	孔隙度/%	渗透率/mD
5.0%Na₂SO₄溶液	OPC	78.918	21.082	2.682	3.186
	20%ASC	66.158	33.842	2.43	19.897
	40%ASC	87.551	12.449	3.284	2.192
	60%ASC	86.515	13.485	1.184	2.488
	80%ASC	87.749	12.251	2.85	1.026
	100%ASC	90.809	9.191	2.953	0.46
3.5%NaCl溶液	20%ASC	84.008	15.992	2.772	9.785
	40%ASC	85.848	14.152	3.328	1.046
	60%ASC	86.12	13.88	2.56	0.524
	80%ASC	88.349	11.651	2.572	0.38
	100%ASC	90.617	9.383	2.789	0.038

5.3.3　ASC 经历 10 次循环后在不同温度下的 NMR 孔结构分析

5.3.3.1　不同温度阶段对 ASC 的 NMR 孔结构影响

3 种 ASC 在 Na₂SO₄ 溶液中不同温度阶段的核磁共振 T_2 谱如图 5-8 所示。3 种 ASC 在冻结阶段的 T_2 谱曲线表现为随着温度的降低，峰逐渐向左移动，并且信号强度逐渐减弱，表明随着温度的降低，内部大孔隙中的水逐渐结冰，结冰导致信号强度减弱；发现温度降低至 -5 ℃后才出现结冰现象，说明 Na₂SO₄ 的存在，降低了水的冰点。融化阶段的 T_2 谱在 -5 ℃以后逐渐向右移动，信号强度降低现象非常显著，说明孔隙中的冰在 -5 ℃才出现融化，在低于 -5 ℃的融化过程中冰即使未融化，但是发现信号强度降低，推测结冰部分吸附孔隙中水导致信号强度降低。

由图 5-8 中的孔径分布曲线可知，在冻结阶段，曲线逐渐向左移动，孔隙度分量逐渐降低，说明测得的小孔数量逐渐减小，3 种 ASC 在从 0 ℃降低到 -5 ℃时，其主要孔隙尺寸为 0.1~1.0 μm，变化非常小，但是温度从 -5 ℃继续降低，发现孔径分布降低速率就加快，表明这个时候开始大孔隙中的水迅速结冰。在融化阶段，温度从 -20 ℃到 -5 ℃范围内变化，发现孔径几乎不变，但是孔径分布有一定程度的降低，是由于结冰部分吸附水导致的；而从 -5 ℃开始明显发现曲线向右移动，测得大孔中的水分增多，孔径分布增加，说明在 -5 ℃时冰开始融化。

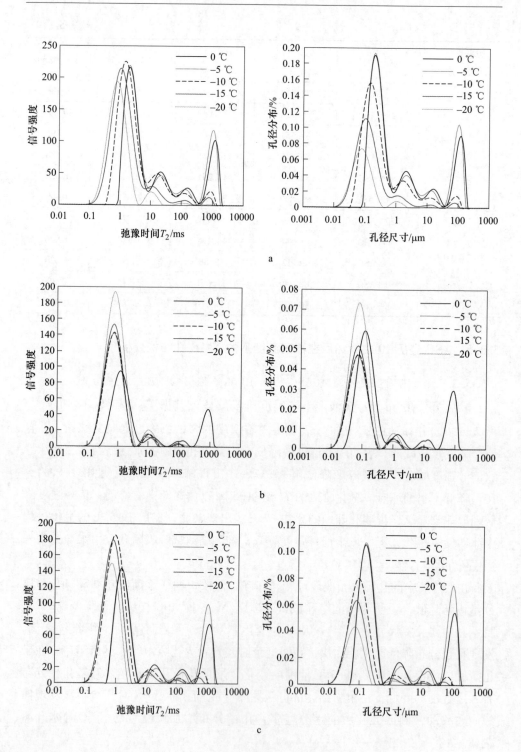

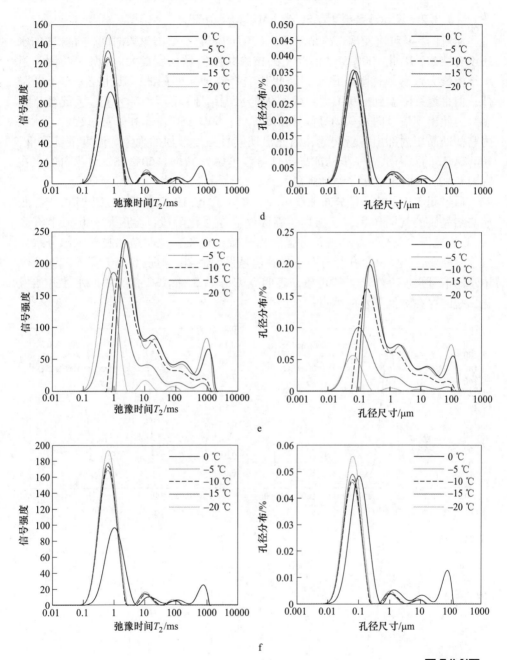

图 5-8 ASC 经历 10 次 5.0%硫酸钠溶液腐蚀+冻融+干湿循环后
不同温度阶段的 T_2 谱与孔径分布

a—20%ASC 冻结阶段；b—20%ASC 融化阶段；c—60%ASC 冻结阶段；
d—60%ASC 融化阶段；e—100%ASC 冻结阶段；f—100%ASC 融化阶段

图 5-8 彩图

5.3.3.2   风积沙掺量对 ASC 的 NMR 孔结构影响

通过图 5-9 对比发现，冻结阶段，从 0 ℃降温到-5 ℃这段时间，孔隙内的水还没有结冰，因此 100%ASC 混凝土的核磁共振信号强度最大，60%ASC 因为组织结构最为致密，孔隙量最小，因此其主峰信号强度最低，其孔径分布不断降低；但是继续降温到-10 ℃时，大孔内的水先结冰，因为 100%ASC 大孔数量最多，因此出现信号向左移动且信号强度降低；60%ASC 由于在降温过程的结冰压力与盐结晶压内部出现新裂缝，因此出现信号强度增加的现象。温度继续降低，100%ASC 的孔内水进一步结冰导致信号强度继续减弱，60%ASC 小孔内的水在降温至-20 ℃时也出现了结冰现象。

通过图 5-9 中的孔径分布曲线可知，在降温至-10 ℃以后孔隙内部由于冻胀压与结晶压的共同作用，又出现了新裂缝。在融化阶段，温度从-20 ℃上升到-5 ℃的过程中，3 种 ASC 的信号强度出现减小现象，说明结冰吸附了部分水导致信号减弱，60%ASC 孔径分布小导致信号强度最弱，但从 0 ℃升温发现大孔隙中水的信号强度突然增大的现象，表明 0 ℃开始 3 种 ASC 孔隙中的水才开始融化，盐的存在降低了水的冰点。

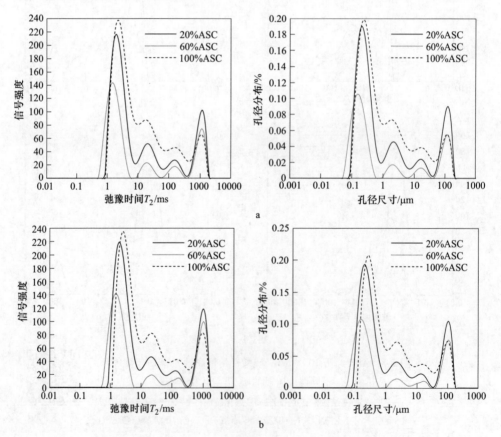

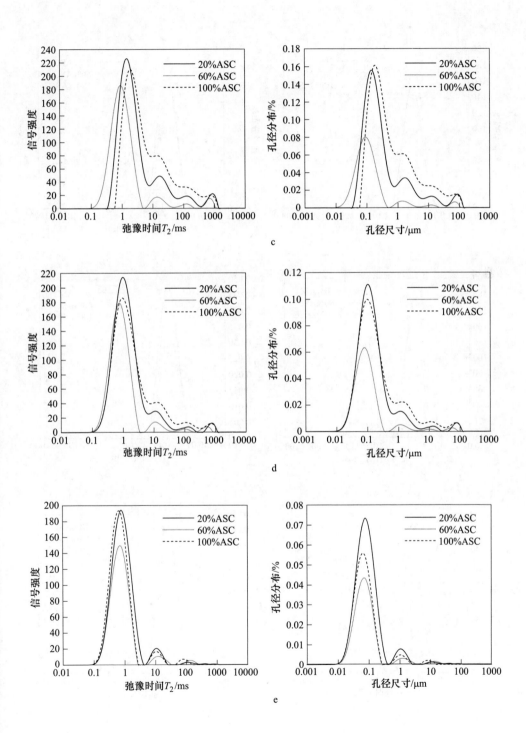

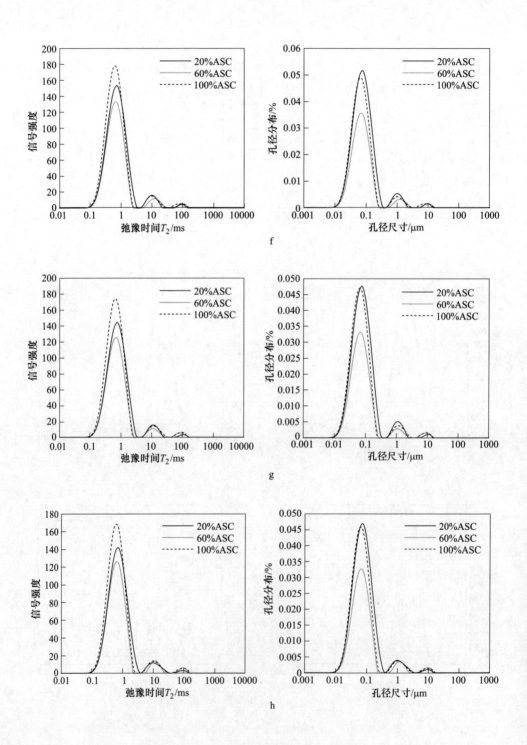

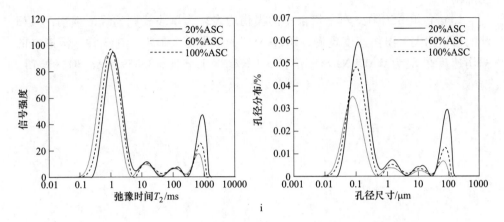

图 5-9 ASC 经历 10 次 5.0% 硫酸钠溶液腐蚀+冻融+干湿循环后的 T_2 谱与孔径分布

a—0 ℃冻结阶段；b——5 ℃冻结阶段；c——10 ℃冻结阶段；

d——15 ℃冻结阶段；e——20 ℃冻结阶段；f——15 ℃融化阶段；

g——10 ℃融化阶段；h——5 ℃融化阶段；i—0 ℃融化阶段

5.4 本 章 小 结

通过 ASC 在盐腐蚀+冻融+干湿循环三因素耦合作用下的耐久性能试验，可知 ASC 的损伤程度比单因素和双因素作用更严重，是物理腐蚀、化学腐蚀、结冰压和蒸汽压共同作用的结果。研究结果表明：

（1）ASC 的损伤特性与风积沙掺量和盐溶液种类有关，掺量小于或等于 40% 的 ASC 相对动弹性模量快速下降至 60%，表现为裂缝由内向外不断扩展发育直至混凝土崩溃；掺量大于或等于 60% 的 ASC 则是表面损伤比内部损伤更明显，质量损失率下降到 5% 达到破坏，100%ASC 在破坏时相对动弹性模量仍然为初始动弹性模量的 70%~80%，只表现为表面的粒状剥蚀。掺量大于 60% 的 ASC 在 3 类盐溶液中抵抗盐腐蚀+冻融+干湿循环作用能力依次为 3.85%（Na_2SO_4+NaCl）溶液>3.5%NaCl 溶液>5.0%Na_2SO_4 溶液，在每组盐溶液中都表现为风积沙掺量越大抗复合作用能力最好，100%ASC 抗三因素耦合作用的能力最好。

（2）冻融作用导致混凝土孔隙内水结冰产生结冰压，但是盐浓度和孔隙结构会影响结冰速度、结冰效率，水结冰同时孔隙内盐溶液浓度发生改变，晶体析出并聚集产生结晶压，最终导致各风积沙掺量 ASC 损伤程度不同，表现为表面剥蚀、剥落与内部裂缝的不断发展。干湿循环作用下，ASC 内部孔隙内盐加速物理结晶与水蒸发产生蒸汽压，在盐结晶压、水结冰压和蒸汽压耦合作用下导致损伤加剧。

(3) 各组 ASC 在 3 种盐溶液中的损伤均表现为单段式抛物线形损伤,风积沙的掺量越大,损伤速度越慢,100% ASC 的损伤速度最慢;在 3 种盐溶液中的损伤速度依次为 5.0% Na_2SO_4 溶液 > 3.5% NaCl 溶液 > 3.85% (Na_2SO_4 + NaCl) 溶液。

$\pmb{6}$ ASC 在单一、双重及多重因素作用下的氯离子迁移规律研究

混凝土是一种非均质的多孔多相复合材料，其内部包含不同类型与尺寸的孔隙与微裂缝，从而导致水分及其他有害物质通过孔隙与裂缝进入混凝土[137-138]。氯离子在混凝土内的传输是一个非常复杂的过程，混凝土的水饱和度、水压力、电场和混凝土的内部孔隙结构等都对氯离子的侵蚀产生影响。混凝土中发生的氯离子侵蚀过程本质上是一系列物理化学过程的耦合，从机制上分析氯离子的传输过程，可以为研究在各种复杂状态下混凝土中氯离子的扩散奠定理论基础。

6.1 氯离子在混凝土中的输运机理

氯离子在混凝土中的输运过程实质上是带电粒子在多孔材料中通过孔隙溶液向内传输的过程[13]。多孔材料中带电粒子传输的主要驱动因素是：孔隙内外及孔隙溶液中 Cl⁻ 化学位场的不均匀分布、电场对 Cl⁻ 的定向吸引及孔隙溶液的渗流迁移运动[139]。物理化学过程包括扩散、物理吸附与化学结合、对流（渗透、毛细和弥散）[140]。一般来说，氯离子在混凝土中的物理化学传输过程占主导地位的是扩散与结合，因此大部分学者主要研究混凝土中氯离子的扩散规律与结合规律。

6.1.1 扩散过程

混凝土中的孔隙被环境溶液所饱和，氯离子依靠混凝土内外溶液浓度梯度向内部迁移，这个过程可认为是纯粹的扩散过程，即离子在化学位梯度的作用下发生定向迁移，扩散力等于化学位梯度。

$$F_d = - \frac{d\mu}{dx} \tag{6-1}$$

1855 年菲克（Fick）发现，在恒温条件下单位时间内通过垂直于扩散方向参考平面的物质的量与浓度梯度成正比，因此式（6-2）被称为 Fick 第一扩散定律[13]。

$$J = - D \frac{\partial c}{\partial x} \tag{6-2}$$

式中，D 为氯离子扩散系数。

在通常情况下,氯离子的扩散是一个随时间和空间变化的函数。1970 年 Collepardi 等人[141-142]采用 Fick 第二扩散定律来描述混凝土中氯离子的扩散特征。

$$\Delta J = \frac{\partial c}{\partial t} dx \tag{6-3}$$

将式(6-3)代入式(6-2)可以得到:

$$\frac{\partial c}{\partial t} = \frac{\partial}{\partial x}\left(D \frac{\partial c}{\partial x} \right) \tag{6-4}$$

式(6-4)就是目前在氯离子扩散问题上使用最广泛的 Fick 第二扩散定律。

假设混凝土中氯离子扩散只是一个方向的扩散,边界条件和初始条件为 $c_{(x=0)} = c_s$,$c_{(t=0,x>0)} = c_0$,式(6-4)作拉普拉斯变换可求得解析解为:

$$c(x,t) = c_0 + (c_s - c_0)\left[1 - \mathrm{erf}\left(\frac{x}{2\sqrt{Dt}}\right) \right] \tag{6-5}$$

式中,$c(x,t)$ 为不同扩散龄期不同深度处的自由氯离子浓度,%;c_0 为初始氯离子浓度,%;c_s 为表层氯离子浓度,%;D 为氯离子扩散系数,mm^2/d;x 为取样深度;t 为扩散龄期。

运用 Fick 第二扩散定律的基本假定是:混凝土是均质材料;氯离子不与混凝土发生吸附与结合;氯离子扩散系数与表面氯离子浓度是常数,即时间与边界条件是常数;氯离子是以一维方向扩散的。但是,实际情况并不是这样的:混凝土是一种非均质的材料;氯离子的结合能力不是 0;在实际使用过程中一般有多个暴露面,即氯离子在混凝土中的扩散是不同方向的扩散;存在结构的缺陷与损伤,扩散系数不是固定值;边界条件是一个动态过程,最终与环境趋于一致。所以在考虑用 Fick 第二扩散定律描述氯离子的扩散行为时,需要结合上述实际情况进行修正。

6.1.2 结合效应

混凝土的胶凝材料对自由氯离子存在结合效应(即物理吸附与化学结合),这种结合效应对氯离子的扩散产生重要影响。物理吸附主要依靠范德瓦尔斯力,结合力相对较弱,容易转化为自由氯离子;化学结合是通过化学键结合在一起,不易被破坏。

在混凝土中,总氯离子浓度由自由氯离子浓度与结合氯离子浓度构成,即 $c_t = c_b + c_f$,其中,c_t、c_b、c_f 分别表示总氯离子浓度、结合氯离子浓度和自由氯离子浓度,只有自由氯离子才导致钢筋的钝化膜破坏,并造成钢筋锈蚀。因此,研究氯离子的扩散规律时,一个重要的方向就是研究混凝土中氯离子的结合能力。自由氯离子浓度 c_f 与结合氯离子浓度 c_b 的关系,在不同的浓度范围,会表现出不同的结合规律。

（1）线性结合。

1982 年 Tuutti[143] 和 1990 年的 Arya[71] 等发现，在较低的自由氯离子浓度范围内，混凝土中的结合氯离子浓度与自由氯离子浓度之间的关系以线性为主。用公式表示为：

$$c_b = \alpha c_f + \beta \tag{6-6}$$

式中，α、β 为常数。

2003 年 Mohammed 等人[144] 发现在自由氯离子浓度占水泥质量 0~6% 范围时，结合氯离子与自由氯离子浓度关系很好地符合式（6-6）。

（2）非线性 Freundlich 结合（幂函数）。

1993 年 Tang 等人[145]、1994 年 Nilsson 等人[146]、1997 年 Wee 等人[69] 和 2000 年 Martin-Perez 等人[147] 发现，在较低自由氯离子浓度范围内，除线性结合外，部分混凝土自由氯离子与结合氯离子还存在一种非线性结合——Freundlich 结合。

$$c_b = \alpha c_f^{\beta} \tag{6-7}$$

式中，α、β 为常数。

（3）非线性 Langmuir 结合。

1992 年 Sergi 等人[148]、1993 年 Tang 等人[145-146] 发现，在更大的浓度范围内，自由氯离子与结合氯离子浓度符合另外一种非线性结合——Langmuir 结合，见式（6-8），Langmuir 结合存在极限结合特征。

$$\frac{c_f}{c_b} = \alpha \cdot c_f + \beta \tag{6-8}$$

（4）非线性 Temkin 结合[11,70]。

余红发发现，在自由氯离子浓度较大时，还存在一种非线性结合——Temkin 结合。

$$c_b = \alpha \ln c_f + \beta \tag{6-9}$$

（5）指数函数非线性结合。

本书作者在大量试验的基础上发现在氯离子浓度较大时，还存在一种非线性结合——指数函数结合。

$$c_b = \alpha \cdot e^{\beta c_f} \tag{6-10}$$

6.1.3　结合能力

Nilsson 等人[146] 规定，混凝土中氯离子结合能力 R 表示为：

$$R = \frac{\partial c_b}{\partial c_f} \tag{6-11}$$

当结合效应为线性结合时，混凝土的氯离子结合能力为常数，即：

$$R = \frac{\partial c_b}{\partial c_f} = \alpha \tag{6-12}$$

在较低的 c_f 范围内，氯离子的结合能力为常数，考虑氯离子结合效应的氯离子扩散方程的解，因此线性结合的氯离子结合能力是混凝土寿命预测的基本参数之一。

当 c_b 与 c_f 的关系是非线性的 Freundlich 结合、Langmuir 结合、Temkin 结合和指数函数结合时，氯离子的结合能力分别为：

$$R = \frac{\partial c_b}{\partial c_f} = \alpha\beta c_f^{\beta-1} \tag{6-13}$$

$$R = \frac{\partial c_b}{\partial c_f} = \frac{\beta}{(\alpha c_f + \beta)^2} \tag{6-14}$$

$$R = \frac{\partial c_b}{\partial c_f} = \frac{\alpha}{c_f} \tag{6-15}$$

$$R = \frac{\partial c_b}{\partial c_f} = \alpha\beta e^{\beta c_f} \tag{6-16}$$

从式（6-13）~式（6-16）可知，非线性条件下，氯离子结合能力不再是常数，随着 c_f 的变化而变化。归纳出氯离子结合能力与 c_f 的规律曲线，只要测定出特定时间段内混凝土内部的自由氯离子浓度，便可以通过规律得到相对应的氯离子结合能力，因此，非线性条件下的氯离子结合能力也是混凝土寿命预测的基本参数。

6.2 复杂环境下 ASC 的氯离子扩散规律研究

6.2.1 ASC 的氯离子浓度

6.2.1.1 盐腐蚀作用

图 6-1 所示为不同风积沙掺量混凝土在复合盐溶液和 NaCl 溶液中长期浸泡后测得的 c_f，OPC 和 ASC 在相同深度处的自由氯离子浓度随着腐蚀龄期的增加逐渐增加，不同深度处的自由氯离子浓度随着深度的增加而减小，在两种溶液中总体看 60%~80%ASC 的 c_f 低于其他掺量的 ASC；在 NaCl 溶液中的 c_f 高于在复合盐溶液中，说明复合溶液中的氯离子在混凝土中的扩散与对混凝土的损伤并不是简单地叠加，而是有相互抑制与阻碍的正效应与加速腐蚀作用的负效应共同作用。

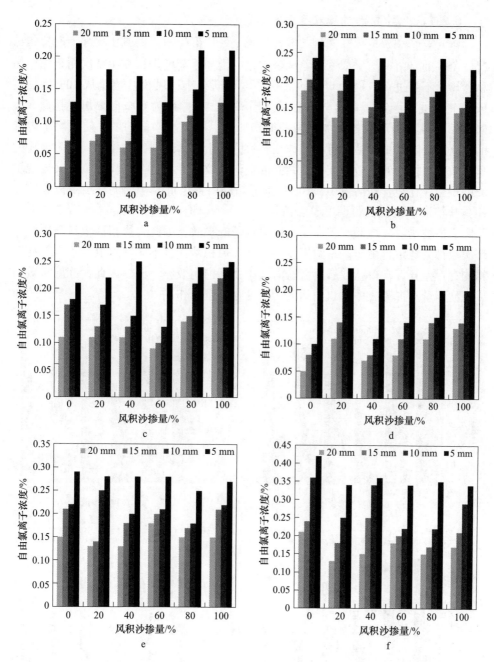

图 6-1 OPC 和 ASC 经历盐溶液长期腐蚀后不同深度处的自由氯离子浓度

a—3.85%(Na_2SO_4 + NaCl)溶液 90 d 浸泡；b—3.85%(Na_2SO_4 + NaCl)溶液 180 d 浸泡；

c—3.85%(Na_2SO_4 + NaCl)溶液 270 d 浸泡；d—3.5%NaCl 溶液 90 d 浸泡；

e—3.5%NaCl 溶液 180 d 浸泡；f—3.5%NaCl 溶液 270 d 浸泡

6.2.1.2   盐腐蚀+冻融双因素作用

图 6-2 所示为 ASC 在两种盐溶液环境下经历冻融后，混凝土内部 c_f 的变化情况。ASC 的自由氯离子浓度随着冻融次数的增加逐渐增加；在 100 次循环内，风积沙掺量不超过 40% 时，自由氯离子浓度逐渐减小；风积沙掺量从 40% 增加到 100% 时，自由氯离子浓度先增加后逐渐减小，在掺量为 60% 时 c_f 出现拐点，表明 ASC 在冻融循环次数增加时内部损伤加剧；风积沙掺量的增加使混凝土内部的独立大孔隙数量增多，且冻融作用导致混凝土内部出现新的裂纹，孔隙结构的累积效应与损伤的负效应大于盐结晶的损伤正效应导致自由氯离子浓度又出现增大的现象。在复合盐溶液中，100 次冻融循环内各组混凝土内的自由氯离子浓度比单盐溶液中稍低，说明在复合溶液中由于 Na_2SO_4 的盐结晶导致混凝土内部的孔隙通道被堵塞，抑制与阻碍了自由氯离子的扩散。因此，风积沙掺量与冻融循环次数都会导致自由氯离子浓度发生改变，风积沙掺量不同导致混凝土内部孔隙结构存在差异，在单盐或者复合盐溶液中由于损伤效应不同。因此，冻融次数与风积沙掺量对混凝土中的自由氯离子浓度存在耦合作用。

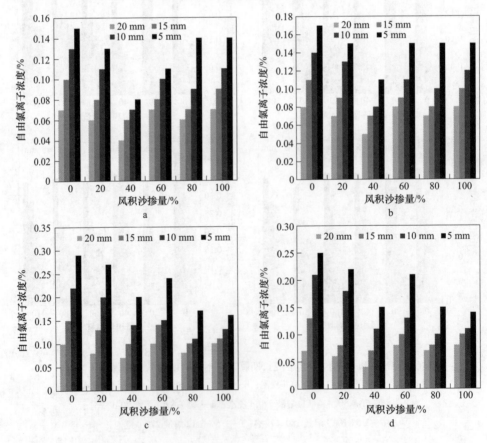

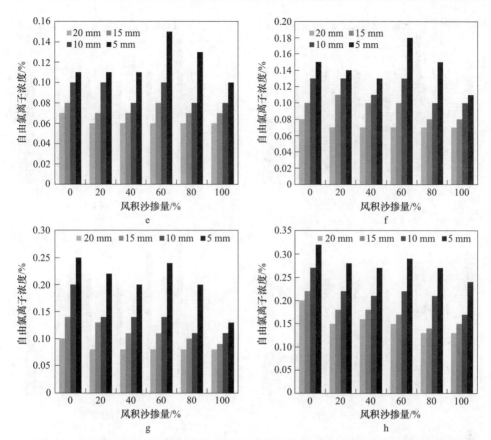

图 6-2　OPC 和 ASC 在盐腐蚀+冻融循环双因素作用下不同深度处的自由氯离子浓度

a—3.85%（Na$_2$SO$_4$+ NaCl）溶液腐蚀+冻融循环 25 次；b—3.85%（Na$_2$SO$_4$+ NaCl）溶液腐蚀+冻融循环 50 次；
c—3.85%（Na$_2$SO$_4$+ NaCl）溶液腐蚀+冻融循环 75 次；d—3.85%（Na$_2$SO$_4$+ NaCl）溶液腐蚀+冻融循环 100 次；
e—3.5%NaCl 溶液腐蚀+冻融循环 25 次；f—3.5%NaCl 溶液腐蚀+冻融循环 50 次；
g—3.5%NaCl 溶液腐蚀+冻融循环 75 次；h—3.5%NaCl 溶液腐蚀+冻融循环 100 次

6.2.1.3　盐腐蚀+60 ℃干湿双因素作用

由图 6-3 可知，随着干湿循环次数的增加，各 ASC 的 c_f 提高，随着混凝土深度的增加 c_f 在减小。同样在复合溶液中自由氯离子浓度高于在氯化钠溶液中的浓度。对比在氯化钠溶液长期浸泡条件下和在冻融+氯化钠溶液腐蚀条件下的 c_f 的变化发现，温度对自由氯离子扩散有重要影响，随着温度的增加 c_f 也在提高。

在复合盐溶液中混凝土内部 Na$_2$SO$_4$ 结晶体增多，由于结晶体的通道堵塞作用大于结晶体结晶压力使混凝土损伤增大，导致混凝土内部扩散进入的自由氯离子数量更多，因此复合盐溶液中的自由氯离子浓度低于氯化钠溶液。同时也发现在氯化钠溶液腐蚀条件作用下的 ASC 随着风积沙掺量的增加自由氯离子浓度并没有出现显著的提高，各掺量 ASC 的自由氯离子浓度差异不大，但是 OPC 与 ASC 的差异明显，OPC 的 c_f 高于 ASC。

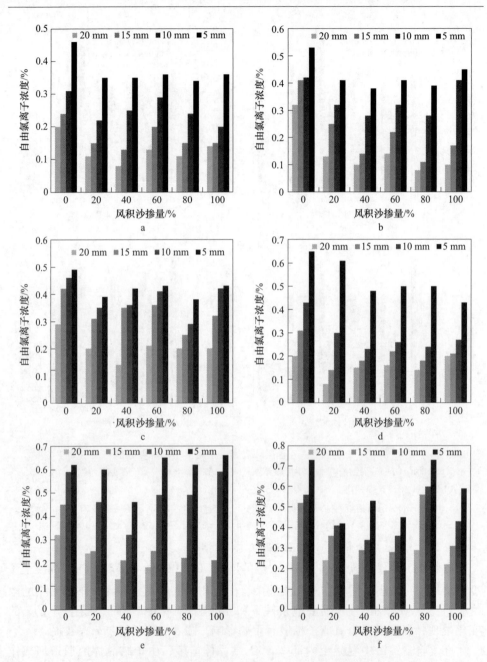

图 6-3　OPC 和 ASC 在盐溶液腐蚀+60 ℃干湿循环双因素作用下不同深度处的自由氯离子浓度

a—3.85%(Na$_2$SO$_4$+ NaCl)溶液中腐蚀+60 ℃干湿循环 10 次；b—3.85%(Na$_2$SO$_4$+ NaCl) 溶液中
腐蚀+60 ℃干湿循环 20 次；c—3.85%(Na$_2$SO$_4$+ NaCl) 溶液中腐蚀+60 ℃干湿循环 30 次；
d—3.5%NaCl 溶液中腐蚀+60 ℃干湿循环 10 次；e—3.5%NaCl 溶液中腐蚀+60 ℃干湿循环 20 次；
f—3.5%NaCl 溶液中腐蚀+60 ℃干湿循环 30 次

6.2.1.4 盐溶液腐蚀+100 ℃干湿双因素作用

图 6-4 所示为不同 ASC 在两种盐溶液环境下经历 100 ℃干湿循环后 c_f 的变化情况。100 ℃下 OPC 与 ASC 的 c_f 明显提高；在高温作用下，循环次数高，ASC 内部的 c_f 比 OPC 高。随着循环次数的增加，各组 ASC 的 c_f 呈增长趋势，100%ASC 的 c_f 增长速度较快，比 60%ASC、80%ASC 内的 c_f 要高，这是因为经过高温多次循环下 ASC 的损伤快速发展为自由氯离子进入提供了通道。

各组 ASC 在氯化钠溶液中测得的 c_f 比复合盐溶液中的高，这是因为硫酸钠结晶体在孔隙内阻碍了自由氯离子的进入。

6.2.1.5 盐腐蚀+冻融+60 ℃干湿循环三因素作用

图 6-5 所示为 ASC 在两种盐溶液环境下经历冻融+60 ℃干湿循环后，混凝土内部 c_f 的变化情况。各组混凝土表面测得的 c_f 值明显高于内部，在复合盐溶液中低于 NaCl 溶液中测得的数据；与在冻融+氯化钠溶液腐蚀和在干湿+氯化钠溶液腐蚀中测得的数据比较发现，OPC 和 ASC 在三因素复合作用下的 c_f 高于在冻融+氯化钠溶液腐蚀作用中的数值，但是低于在干湿+氯化钠溶液腐蚀作用下的数值，

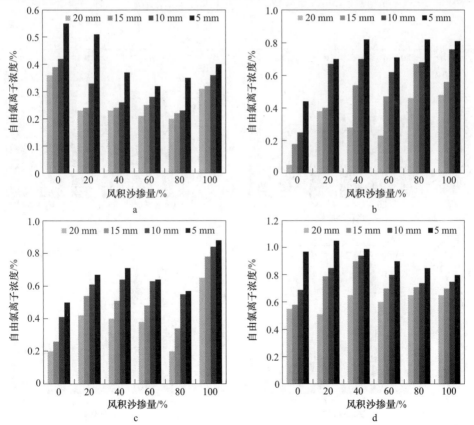

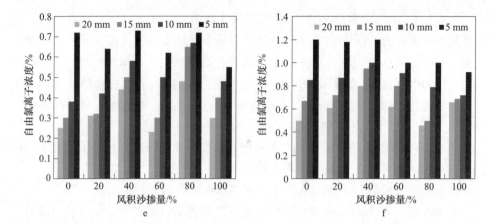

图 6-4 OPC 和 ASC 在盐腐蚀+100 ℃干湿循环双因素作用下不同深度处的自由氯离子浓度

a—3.85%(Na$_2$SO$_4$+ NaCl)溶液中腐蚀+100 ℃干湿循环 10 次；b—3.85%(Na$_2$SO$_4$+ NaCl)溶液中腐蚀+
100 ℃干湿循环 20 次；c—3.85%(Na$_2$SO$_4$+ NaCl)溶液中腐蚀+100 ℃干湿循环 30 次；
d—3.5%NaCl 溶液中腐蚀+100 ℃干湿循环 10 次；e—3.5%NaCl 溶液中腐蚀+100 ℃干湿循环 20 次；
f—3.5%NaCl 溶液中腐蚀+100 ℃干湿循环 30 次

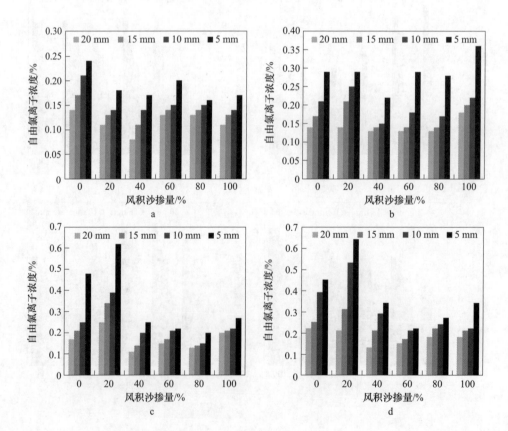

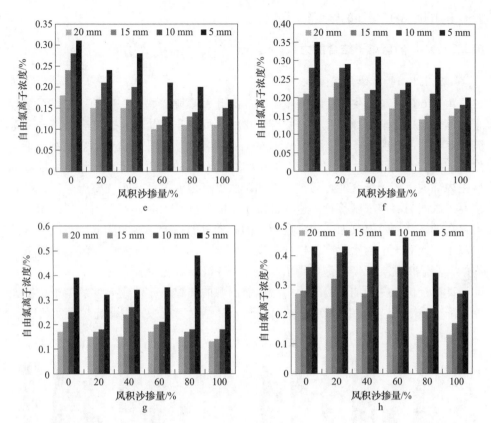

图 6-5　OPC 和 ASC 在盐腐蚀+冻融+60 ℃干湿循环三因素作用下不同天数的自由氯离子浓度

a—3.85%(Na_2SO_4 + NaCl)溶液中冻融+干湿循环 5 d；b—3.85%(Na_2SO_4 + NaCl)溶液中冻融+干湿循环 10 d；
c—3.85%(Na_2SO_4 + NaCl)溶液中冻融+干湿循环 15 d；d—3.85%(Na_2SO_4 + NaCl)溶液中冻融+干湿循环 20 d；
e—3.5%NaCl 溶液中冻融+干湿循环 5 d；f—3.5%NaCl 溶液中冻融+干湿循环 10 d；
g—3.5%NaCl 溶液中冻融+干湿循环 15 d；h—3.5%NaCl 溶液中冻融+干湿循环 20 d

说明自由氯离子在混凝土中的扩散与温度有很大关系，高温会加速自由氯离子的扩散，但是在低温环境中由于孔隙中水的结冰导致自由氯离子的扩散速度降低；还发现 80%ASC 和 100%ASC 在三因素作用下的自由氯离子浓度相对较低，这是由于这两种混凝土的损伤程度相对低于其他的混凝土，导致自由氯离子扩散进入混凝土的程度低于其他混凝土。

　　OPC 与 ASC 中的 c_f 均随着深度的增加逐渐减小，并且减小的幅度越来越低；在冻融循环作用下，ASC 的自由氯离子浓度出现了不同程度的降低；在干湿循环作用下，各 ASC 的自由氯离子浓度又出现增加。在氯化钠溶液中经历单一、双重和多重因素作用下 ASC 的自由氯离子扩散规律是：c_f 随着深度的增加而减小，6 组混凝土相同深度处的 c_f 都是随着腐蚀龄期的增加而增加，且 20%ASC、80%

ASC 和 100% ASC 增加的幅度较小。

6.2.2　ASC 的氯离子结合能力

6.2.2.1　盐腐蚀作用

由图 6-6 可知，在氯盐腐蚀环境中，各组 ASC 随着腐蚀深度的增加结合氯离子浓度（c_b）逐渐增加，在复合盐溶液中的 c_b 要高于单盐的，在复合溶液中浸泡到 180 d 时 c_b 出现了降低，各组 ASC 的 c_b 差异不大。而在单盐中随着腐蚀龄期的增长 c_b 一直呈现降低，在浸泡到 270 d 后发现 ASC 的 c_b 要高于 OPC。这说明在混凝土内部的氯离子结合能力与结合氯离子浓度有很大关系，在混凝土表层，结合氯离子浓度与溶液浓度接近，进入混凝土中的氯离子大部分都以结晶形式游离状态存在下来，在距离表面一定深度范围内，随着氯离子浓度的降低，扩散进入的氯离子与混凝土中的水化产物进一步发生结合；在复合盐溶液中浸泡后各组 ASC 内的 c_b 高于单盐。长期浸泡作用 180 d 时，各组混凝土没有发生明显损伤，相对动弹性模量仍然在增加，混凝土中盐结晶出现的孔隙填充效应导致氯离子扩散速度下降。在 NaCl 溶液中长期浸泡，由于 NaCl 结晶速度慢，因此充填密实效应在

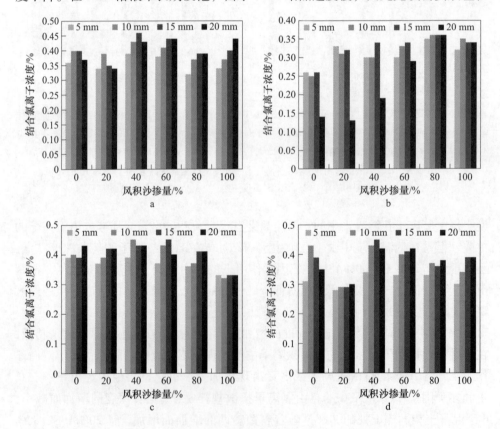

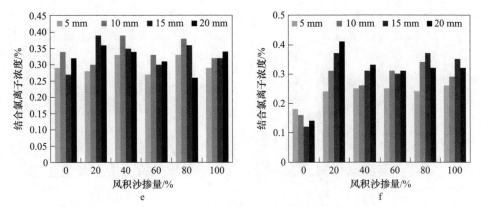

图 6-6 OPC 和 ASC 在盐溶液中长期腐蚀作用下不同深度处的结合氯离子浓度

a—3.85%（Na₂SO₄+NaCl）溶液 90 d 浸泡；b—3.85%（Na₂SO₄+NaCl）溶液 180 d 浸泡；

c—3.85%（Na₂SO₄+NaCl）溶液 270 d 浸泡；d—3.5%NaCl 溶液 90 d 浸泡；

e—3.5%NaCl 溶液 180 d 浸泡；f—3.5%NaCl 溶液 270 d 浸泡

540 d 内快于损伤效应，表现为曲线中随着腐蚀龄期的增加 c_b 一直在下降。ASC 随着风积沙掺量的增加，内部孔隙量增加，独立大孔隙越来越多，因此孔隙内外的溶液浓度差随着掺量的增加在提高，为氯离子的扩散及结合提供了必要条件。

6.2.2.2 盐腐蚀+冻融双因素作用

由图 6-7 可知，在盐腐蚀+冻融循环作用下，各组混凝土的 c_b 随腐蚀深度的增加变化不大，随着腐蚀龄期的增加 c_b 逐渐降低，在复合盐溶液中 75 次冻融循环之前，随着风积沙掺量的增加 c_b 在增加，而在第 100 次冻融循环后发现 60% ASC 的 c_b 又出现了降低；在氯化钠溶液中各组混凝土差异不大，60% ASC 的 c_b 值稍低于其他混凝土。因为随着腐蚀与冻融龄期的增加，各组混凝土在盐腐蚀+冻融复合因素作用下的损伤程度增加，内外的结合氯离子浓度差越来越小，氯离子扩散的外在驱动力减小；60% ASC 的孔隙率较小，组织结构较为密实，因此其结合氯离子扩散低于其他组混凝土。

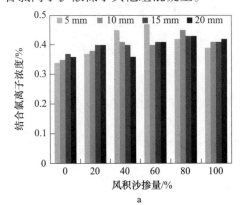
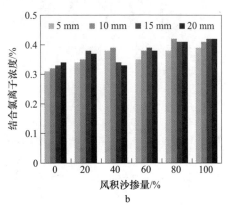

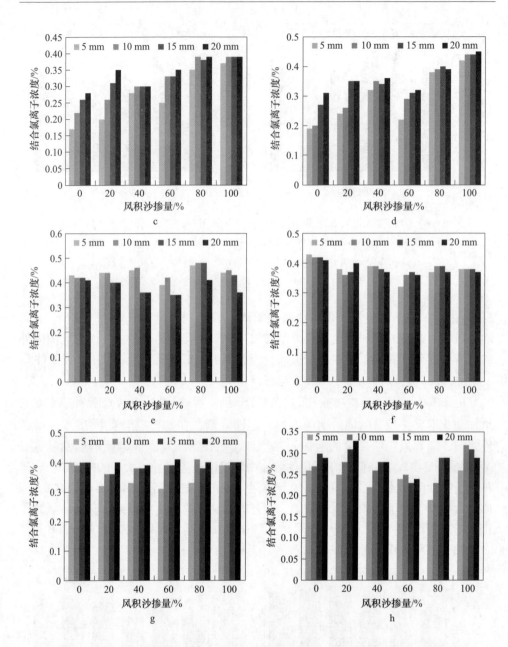

图 6-7　OPC 和 ASC 在盐腐蚀+冻融循环双因素作用下不同深度处的结合氯离子浓度

a—3.85%(Na₂SO₄+NaCl)溶液 25 次冻融循环；b—3.85%(Na₂SO₄+NaCl)溶液 50 次冻融循环；

c—3.85%(Na₂SO₄+NaCl)溶液 75 次冻融循环；d—3.85%(Na₂SO₄+NaCl)溶液 100 次冻融循环；

e—3.5%NaCl 溶液 25 次冻融循环；f—3.5%NaCl 溶液 50 次冻融循环；

g—3.5%NaCl 溶液 75 次冻融循环；h—3.5%NaCl 溶液 100 次冻融循环

6.2.2.3 盐腐蚀+60 ℃干湿循环双因素作用

图 6-8 所示为盐腐蚀+60 ℃干湿循环作用下 ASC 的 c_b，盐溶液的浓度对 c_b 产

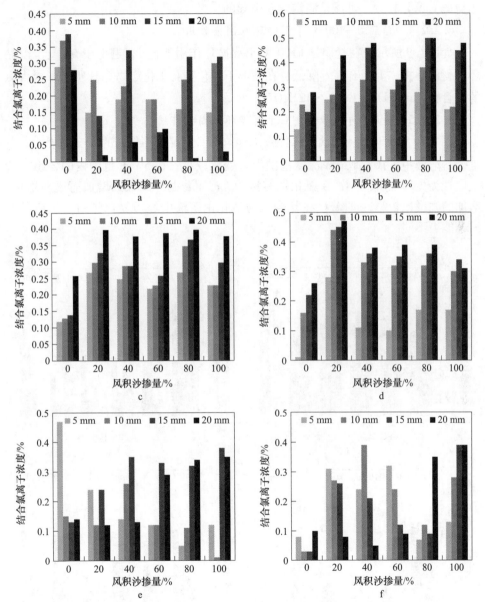

图 6-8 ASC 在盐腐蚀+60 ℃干湿循环双因素下不同深度处的结合氯离子浓度

a—3.85%(Na_2SO_4 + NaCl)溶液中腐蚀+60 ℃干湿循环 10 次；b—3.85%(Na_2SO_4 + NaCl)溶液中腐蚀+

60 ℃干湿循环 20 次；c—3.85%(Na_2SO_4 + NaCl)溶液中腐蚀+60 ℃干湿循环 30 次；

d—3.5%NaCl 溶液中腐蚀+60 ℃干湿循环 10 次；e—3.5%NaCl 溶液中腐蚀+60 ℃干湿循环 20 次；

f—3.5%NaCl 溶液中腐蚀+60 ℃干湿循环 30 次

生影响是，浓度越高影响越大，氯化钠溶液中的 c_b 稍低于复合盐，因为硫酸钠溶液环境下结合氯离子与水化产物 AFt 结合形成菲德尔盐。图 6-8 中氯化钠溶液中测得的 c_b 差异较大，可能是滴定误差引起的。

6.2.2.4 盐腐蚀+100 ℃干湿循环双因素作用

如图 6-9 所示，在盐腐蚀+100 ℃干湿循环作用下，c_b 普遍低于 60 ℃干湿循环测得的数据，温度升高 c_b 降低，在高温下氯化钠与水化产物 C-H 很难形成含氯的配合物 $Ca(OH)_2 \cdot CaCl_2 \cdot 12H_2O$[70]。

6.2.2.5 盐腐蚀+冻融+60 ℃干湿循环三因素作用

图 6-10 为 ASC 经历盐溶液腐蚀+冻融+60 ℃干湿循环作用的 c_b 变化规律。在复合盐溶液中，10~20 mm 深度范围内 c_b 变化较小，在 5 mm 范围内的各组混凝土表现为先增加后减小；在氯化钠溶液中，c_b 随着循环天数的增加而逐渐增加，增加的幅度比较小，即 ASC 在复合盐与氯化钠溶液中经历复合作用后氯离子的结合能力不同。

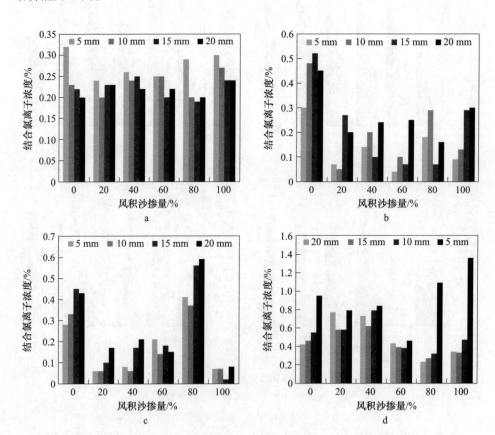

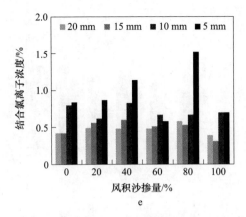

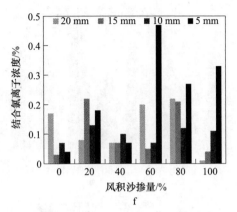

图 6-9 OPC 和 ASC 在盐腐蚀+100 ℃干湿循环双因素作用下不同深度处的结合氯离子浓度

a—3.85%(Na₂SO₄ + NaCl)溶液中腐蚀+100 ℃干湿循环 10 次；b—3.85%(Na₂SO₄ + NaCl)溶液中腐蚀+
100 ℃干湿循环 20 次；c—3.85%(Na₂SO₄ + NaCl) 溶液中腐蚀+100 ℃干湿循环 30 次；
d—3.5%NaCl 溶液中腐蚀+100 ℃干湿循环 10 次；e—3.5%NaCl 溶液中腐蚀+100 ℃干湿循环 20 次；
f—3.5%NaCl 溶液中腐蚀+100 ℃干湿循环 30 次

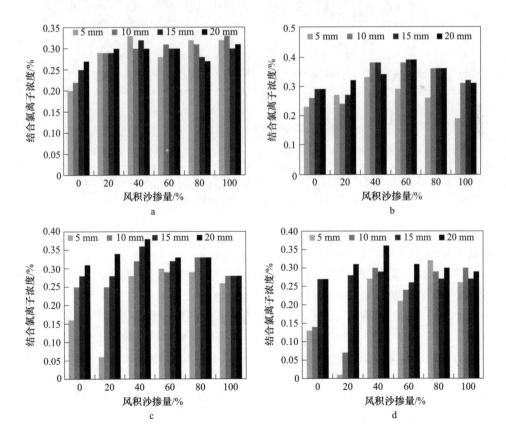

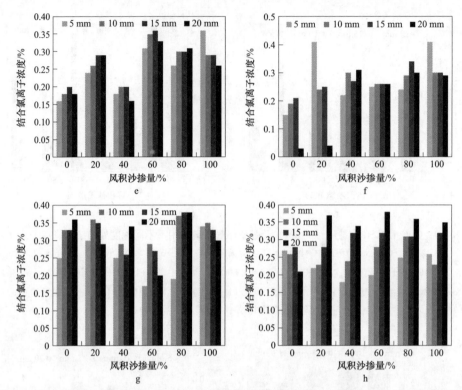

图 6-10　OPC 和 ASC 在盐腐蚀+冻融+60 ℃干湿循环三因素作用下不同深度处的结合氯离子浓度

a—3.85%(Na$_2$SO$_4$ + NaCl)溶液中腐蚀+冻融+干湿循环 5 d；b—3.85%(Na$_2$SO$_4$ + NaCl)溶液中腐蚀+
冻融+干湿循环 10 d；c—3.85%(Na$_2$SO$_4$ + NaCl)溶液中腐蚀+冻融+干湿循环 15 d；
d—3.85%(Na$_2$SO$_4$ + NaCl)溶液中腐蚀+冻融+干湿循环 20 d；
e—3.5%NaCl 溶液中腐蚀+冻融+干湿循环 5 d；f—3.5%NaCl 溶液中腐蚀+冻融+干湿循环 10 d；
g—3.5%NaCl 溶液中腐蚀+冻融+干湿循环 15 d；h—3.5%NaCl 溶液中腐蚀+冻融+干湿循环 20 d

6.2.3　ASC 的氯离子结合——Langmuir 非线性吸附

将不同工况下试验测得的氯离子浓度通过拟合得到 c_b/c_f 与 c_f 的关系曲线，在单盐和复合盐溶液环境下的氯离子结合均表现为 Langmuir 非线性结合，且结合氯离子存在极限吸附特征，拟合得到的 Langmuir 非线性吸附参数见表 6-1。在复合盐溶液中浸泡时由于硫酸钠的存在抑制了氯离子在混凝土中的扩散，因此复合盐溶液中测得的 c_f 低于 NaCl 溶液中测得的数据。在两种盐溶液环境下长期浸泡或冻融后 OPC 和 ASC 内部的 c_f 含量均较低，在 60 ℃和 100 ℃干湿循环条件下的自由氯离子浓度较高，氯化钠溶液环境下经历烘冻复合作用后的 c_f 介于两者之间；在各种工况下 OPC 和 ASC 的吸附均表现为极限吸附特征的 Langmuir 非线性吸附。从相关系数来看，6 种混凝土的 Langmuir 吸附参数都是高度相关的，不同的风积沙替代率对应的吸附参数不同。

表 6-1　ASC 在不同工况作用下的 Langmuir 非线性吸附参数

试验工况	编号	3.85%(Na_2SO_4+NaCl)溶液				3.5%NaCl 溶液			
		α	β	$c_f/\%$	R^2	α	β	$c_f/\%$	R^2
J	I	3.2617	3×10^{-6}	0.03~0.27	0.8287	5.0849	6×10^{-11}	0.05~0.42	0.7193
	II	2.8824	6×10^{-7}	0.07~0.22	0.9320	3.4621	3×10^{-6}	0.11~0.34	0.8991
	III	2.9265	8×10^{-9}	0.06~0.25	0.7263	3.3555	2×10^{-9}	0.07~0.36	0.9127
	IV	2.8379	9×10^{-9}	0.06~0.22	0.8944	3.3964	1×10^{-9}	0.08~0.34	0.9112
	V	2.7667	3×10^{-7}	0.10~0.24	0.9524	3.2648	6×10^{-7}	0.11~0.35	0.8375
	VI	2.9698	3×10^{-9}	0.08~0.25	0.9648	3.2974	2×10^{-6}	0.13~0.34	0.9131
D	I	4.4125	1×10^{-9}	0.07~0.25	0.8222	3.1073	7×10^{-8}	0.07~0.32	0.8776
	II	3.7611	5×10^{-10}	0.06~0.27	0.8601	3.2001	2×10^{-6}	0.06~0.28	0.9001
	III	3.1105	5×10^{-9}	0.04~0.15	0.9366	3.4182	2×10^{-7}	0.06~0.27	0.8498
	IV	3.3738	6×10^{-9}	0.07~0.24	0.8314	3.4818	3×10^{-9}	0.06~0.29	0.8700
	V	2.5490	3×10^{-6}	0.06~0.15	0.9631	3.3322	3×10^{-10}	0.06~0.23	0.8187
	VI	2.4839	5×10^{-8}	0.07~0.16	0.9578	3.0738	2×10^{-6}	0.06~0.24	0.8807
H60	I	5.5580	2×10^{-12}	0.20~0.53	0.6532	4.7290	5×10^{-14}	0.2~0.73	0.9110
	II	3.3460	2×10^{-2}	0.11~0.41	0.9227	6.6310	4×10^{-10}	0.08~0.61	0.9091
	III	3.6980	1×10^{-13}	0.08~0.42	0.9284	3.7370	2×10^{-10}	0.13~0.53	0.9086
	IV	4.2150	6×10^{-9}	0.13~0.43	0.8673	6.3800	2×10^{-7}	0.16~0.50	0.7228
	V	3.2660	7×10^{-12}	0.08~0.39	0.9051	11.527	1×10^{-9}	0.14~0.73	0.6513
	VI	3.8490	3×10^{-10}	0.10~0.45	0.9113	6.2070	4×10^{-11}	0.14~0.66	0.7715
H100	I	3.1560	3×10^{-12}	0.18~0.55	0.9219	1.6350	3×10^{-1}	0.25~1.20	0.9149
	II	7.4120	9×10^{-10}	0.23~0.70	0.8177	1.1940	2×10^{-1}	0.31~1.18	0.9129
	III	6.6130	3×10^{-11}	0.23~0.82	0.8772	1.4870	3×10^{-6}	0.48~1.20	0.9073
	IV	6.6760	2×10^{-12}	0.21~0.71	0.8909	2.2180	3×10^{-10}	0.23~1.00	0.9062
	V	1.3770	7×10^{-1}	0.20~0.82	0.9387	0.8330	6×10^{-1}	0.46~1.00	0.9362
	VI	6.0220	5×10^{-8}	0.31~0.88	0.7965	1.1990	6×10^{-1}	0.30~0.92	0.9054
HD	I	5.5040	1×10^{-9}	0.14~0.48	0.7832	1.4270	9×10^{-1}	0.17~0.43	0.7239
	II	3.9620	3×10^{-12}	0.11~0.64	0.9529	3.8150	4×10^{-9}	0.15~0.43	0.8148
	III	3.2690	2×10^{-9}	0.08~0.34	0.9432	4.3090	2×10^{-10}	0.15~0.43	0.7292
	IV	3.6980	2×10^{-8}	0.13~0.38	0.8541	4.1670	1×10^{-7}	0.10~0.46	0.8106
	V	3.3390	1×10^{-13}	0.13~0.28	0.9041	3.9980	2×10^{-12}	0.11~0.48	0.8555
	VI	3.8090	3×10^{-10}	0.11~0.36	0.8268	3.3510	2×10^{-9}	0.11~0.28	0.7979

6.2.4　ASC 的氯离子结合能力 R

依据式（6-11）氯离子结合能力的定义，可以计算出不同 c_f 时的结合氯离子能力 R，并可以拟合出在一定 c_f 范围内的结合氯离子能力 R 曲线规律。

因此，可以得到氯离子结合能力 R 与 c_f 的关系是：

$$R = k \cdot c_f^{-2} \tag{6-17}$$

式中，k 为氯离子结合能力系数。

系数 k 可以反映氯离子结合能力，见表 6-2。在系数 k 一定的情况下，c_f 越大，则氯离子结合能力越低。

表 6-2　ASC 在不同工况作用下的氯离子结合能力 R

试验工况	编号	3.85%(Na_2SO_4+NaCl)溶液		3.5%NaCl 溶液	
		k	R^*	k	R^*
J	I	3×10^{-7}	1.1×10^{-4}	2×10^{-12}	9.3×10^{-10}
	II	7×10^{-8}	2.9×10^{-5}	3×10^{-7}	1.0×10^{-4}
	III	9×10^{-10}	3.7×10^{-7}	2×10^{-10}	7.1×10^{-8}
	IV	1×10^{-9}	4.5×10^{-7}	9×10^{-11}	3.5×10^{-8}
	V	4×10^{-8}	1.6×10^{-5}	6×10^{-8}	2.3×10^{-5}
	VI	3×10^{-10}	1.4×10^{-7}	2×10^{-7}	7.4×10^{-5}
J	I	5×10^{-11}	2.1×10^{-8}	7×10^{-9}	2.9×10^{-6}
	II	4×10^{-11}	1.4×10^{-8}	2×10^{-7}	7.8×10^{-5}
	III	5×10^{-10}	2.1×10^{-7}	2×10^{-8}	6.8×10^{-6}
	IV	5×10^{-10}	2.1×10^{-7}	2×10^{-10}	9.9×10^{-8}
	V	5×10^{-7}	2.0×10^{-4}	3×10^{-11}	1.1×10^{-8}
	VI	8×10^{-9}	3.2×10^{-6}	2×10^{-7}	8×10^{-5}
H60	I	6×10^{-14}	2.6×10^{-11}	2×10^{-15}	8.9×10^{-13}
	II	2×10^{-3}	0.5×10^{-9}	3×10^{-11}	1.2×10^{-8}
	III	3×10^{-11}	1.2×10^{-8}	1×10^{-11}	5.7×10^{-9}
	IV	6×10^{-15}	2.3×10^{-12}	6×10^{-9}	2.3×10^{-6}
	V	7×10^{-13}	2.6×10^{-10}	9×10^{-12}	3.6×10^{-9}
	VI	2×10^{-11}	8.1×10^{-9}	1×10^{-12}	4.6×10^{-10}
H100	I	3×10^{-13}	1.2×10^{-10}	7.3×10^{-2}	2.2626
	II	2×10^{-11}	6.2×10^{-9}	1×10^{-1}	2.8874
	III	7×10^{-13}	2.7×10^{-10}	1×10^{-6}	5×10^{-4}
	IV	4×10^{-14}	1.8×10^{-11}	6×10^{-11}	2.4×10^{-8}

续表6-2

试验工况	编号	3.85%(Na_2SO_4+NaCl)溶液		3.5%NaCl 溶液	
		k	R^*	k	R^*
H100	V	5×10^{-11}	2.0×10^{-8}	3×10^{-1}	1.4612
	VI	8×10^{-12}	3.3×10^{-9}	2×10^{-1}	1.4423
HD	I	3×10^{-11}	1.3×10^{-8}	1×10^{-10}	4.0×10^{-8}
	II	2×10^{-13}	7.6×10^{-11}	3×10^{-10}	1.0×10^{-7}
	III	2×10^{-10}	7.5×10^{-8}	1×10^{-11}	4.3×10^{-9}
	IV	1×10^{-9}	5.9×10^{-7}	6×10^{-9}	2.3×10^{-6}
	V	9×10^{-15}	3.6×10^{-12}	1×10^{-13}	5.0×10^{-11}
	VI	2×10^{-11}	8.3×10^{-9}	2×10^{-10}	7.1×10^{-8}

注：R^* 表示在临界氯离子浓度为 0.05%时的氯离子结合能力。

氯盐溶液长期浸泡后 ASC 的氯离子结合能力相对较大，说明 ASC 试块内部损伤程度最小，即抵抗氯离子渗透能力最好，且在复合盐溶液中的氯离子结合能力大于在氯化钠溶液中，说明了腐蚀前期复合盐溶液浸泡后的混凝土内部孔隙被硫酸盐结晶物填充造成的盐结晶正效应大于腐蚀损伤的负效应；而在氯化钠溶液中，20%ASC 抵抗氯离子渗透能力最好，80%ASC 的次之，OPC 的能力最差。造成出现上述结果的原因是完全 OPC 内部联通大孔分布较多，大孔被硫酸盐与水化产物反应生成的钙矾石所填充，因此降低了氯离子的扩散性能。

在氯盐溶液中经历干湿循环后的氯离子结合能力最小，温度升高，结合能力减小，说明在高温环境下 ASC 的损伤最严重，抵抗氯离子渗透能力最差；在氯盐溶液中经历冻融的 ASC 氯离子结合能力较大，抵抗氯离子渗透的能力较好；经历冻融+干湿循环的氯离子结合能力介于冻融与干湿循环两者之间，说明复杂因素作用的 ASC 抵抗氯离子渗透能力并不是简单的单一因素的叠加组合，而是一个更为复杂的过程。这说明用风积沙替代普通河砂拌制的混凝土在低温环境下的抗氯离子渗透性能要优于普通混凝土，而且水胶比设计采用 0.55 时，风积沙替代率越高，效果越好。

在预测新建混凝土结构物的使用寿命时，结合现行混凝土耐久性设计规范与经验数据，如果混凝土中 c_f 取临界氯离子浓度 0.05%，则氯离子结合能力 $R=400k$，因此氯离子结合能力系数 k 是预测风积沙混凝土寿命的基本参数之一。6 种混凝土在复合盐溶液环境下经历冻融，风积沙替代率大则氯离子结合能力系数就大，而在 NaCl 溶液环境下 20%替代量的氯离子结合能力系数最高，两种盐溶液环境下 6 类混凝土的氯离子结合能力系数与环境作用循环次数多少没有关系。

6.2.5　ASC 的氯离子表观扩散系数

在各工况条件下得到的 c_f，以及对应的氯离子扩散时间及扩散深度，通过式（6-5）拟合得到了氯离子表观扩散系数 $D(mm^2/d)$ 和表面氯离子浓度 $c_s(\%)$。

6.2.5.1　盐腐蚀作用

图 6-11 所示为 ASC 在盐溶液中经过长期浸泡得到的 D 随风积沙掺量变化曲线。在氯化钠溶液中经过 270 d 长期浸泡后，表现为 80%ASC 的 D 最低；在复合盐溶液中浸泡时，60%ASC 抗氯离子渗透能力最好，在 NaCl 溶液中 80%ASC 的抗氯离子渗透能力最好。

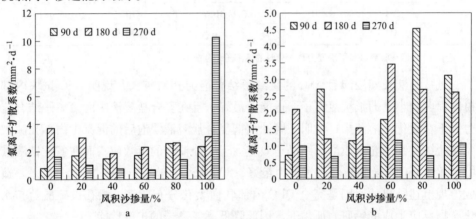

图 6-11　ASC 在盐溶液长期腐蚀作用下的氯离子扩散系数

a—3.85%(Na$_2$SO$_4$+NaCl)溶液；b—3.5%NaCl 溶液

6.2.5.2　盐腐蚀+冻融循环双因素作用

由图 6-12 可知，在复合盐溶液中，6 组混凝土的 D 都随着冻融龄期增加而降低，在 NaCl 溶液中，由于孔隙水结冰，降低了氯离子在溶液中的迁移速度，在 75 次循环之后，OPC 和 ASC 内部损伤发展，因此 D 出现增加。但是 80%ASC 和 100%ASC 在整个冻融循环过程中 D 一直减小，即抵抗氯离子渗透的能力在不断提高。掺量 60%以上的 ASC 在氯盐环境中经历冻融，由于大孔隙数量增加，抑制和阻碍了冻融损伤的发展，降低了氯离子的扩散系数。

OPC 和 ASC 中的 D 在复合盐溶液中随着冻融循环天数的增加逐渐减小，60%ASC 中 D 变化最明显，而掺量在 80%及以上的 ASC 变化不大。从 50~100 次冻融循环期间 6 种混凝土内 D 变化都非常小。OPC 和 ASC 在复合盐溶液环境下经历冻融的第 100 次循环内，硫酸钠降低了氯离子在混凝土内部的迁移速度。

6.2.5.3　盐腐蚀+60 ℃干湿双因素作用

由图 6-13 可知，在复合盐溶液环境中经历 60 ℃干湿循环，风积沙掺量在

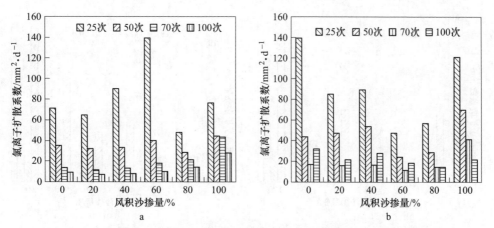

图 6-12　OPC 和 ASC 在盐腐蚀+冻融循环双因素作用后不同天数的氯离子扩散系数

a—3.85%（Na₂SO₄+NaCl）溶液；b—3.5%NaCl 溶液

20%以上都有利于其抵抗氯离子的能力；而 NaCl 溶液中掺量在 40%以上的 ASC 抵抗氯离子的能力较好，80%ASC 效果最好。

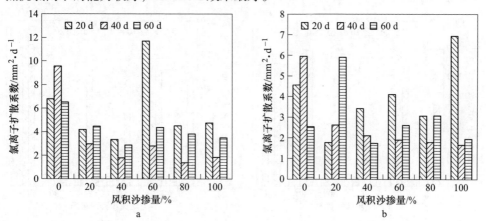

图 6-13　OPC 和 ASC 在盐腐蚀+60 ℃干湿循环双因素作用后不同天数的氯离子扩散系数

a—3.85%（Na₂SO₄+NaCl）溶液；b—3.5%NaCl 溶液

6.2.5.4　盐腐蚀+100 ℃干湿循环双因素作用

由图 6-14 可知，在盐腐蚀+100 ℃中干湿循环，结合干湿循环天数与风积沙掺量两因素，60%ASC 的抗氯离子渗透能力较好，即从抵抗氯离子渗透能力方面看 ASC 优于 OPC。在 100 ℃条件下的氯离子扩散系数明显比 60 ℃时大，表明氯离子扩散系数与温度存在直接关系，温度越高，扩散系数越大。

6.2.5.5　盐腐蚀+冻融+60 ℃干湿三因素作用

由图 6-15 可知，在盐腐蚀+冻融+60 ℃干湿循环三因素耦合作用下，ASC 的氯

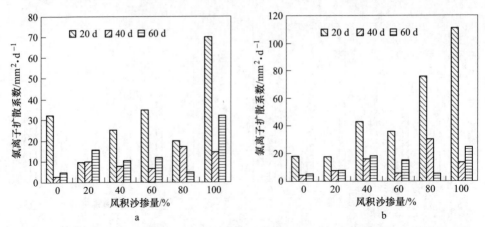

图 6-14　OPC 和 ASC 在盐腐蚀+100 ℃干湿循环双因素作用下不同天数的氯离子扩散系数

a—3. 85%（Na₂SO₄+NaCl）溶液；b—3.5%NaCl 溶液

离子扩散系数规律表现为：随着循环天数的增加，氯离子扩散系数逐渐降低，风积沙掺量大于或等于 20%的 ASC 抵抗氯离子渗透能力逐渐增强，100%ASC 最好。

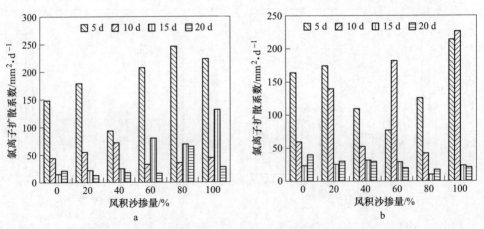

图 6-15　OPC 和 ASC 在盐腐蚀+冻融+60 ℃干湿循环三因素作用后不同天数的氯离子扩散系数

a—3. 85%（Na₂SO₄+NaCl）溶液；b—3.5%NaCl 溶液

ASC 在低温氯盐溶液环境中的耐久性能要优于 OPC，而且风积沙掺量越高效果越好；但是在高温环境中却并非如此，60 ℃环境下 40%ASC 的效果最好，100 ℃时 OPC 的耐久性能却优于 ASC。因此，ASC 宜在低温环境下使用。

6.2.6　ASC 的表面氯离子浓度

6.2.6.1　盐长期腐蚀作用

图 6-16 所示为 ASC 在氯盐环境中长期浸泡后的表面氯离子浓度，在复合盐溶

液中浸泡后，随着浸泡龄期的增加，普通混凝土的表面氯离子浓度逐渐减小，而 ASC 在逐渐增加；各组 ASC 的 c_s 差异不大，掺量在 80% 及以上 ASC 和 OPC 的 c_s 稍大于掺量为 20%~60% 的 ASC。在 NaCl 溶液中浸泡后，随着浸泡龄期的增加各组 ASC 的 c_s 逐渐增大，60%ASC 的 c_s 最小。影响混凝土表面氯离子浓度的主要因素有外界环境条件、孔隙结构特点以及氯离子浓度梯度等，在复合盐溶液中浸泡，由于硫酸盐的结晶以及氯离子的浓度，导致其混凝土表面氯离子浓度低于在 NaCl 溶液中浸泡后的 c_s。试验测试时间为浸泡 270 d，在此腐蚀时间段内，混凝土几乎没有出现腐蚀破坏，因此随着腐蚀龄期的增加，表面孔隙内部盐的析出造成扩散速度下降；但是 ASC 的内部含有部分独立大孔隙，风积沙掺量越大独立大孔隙数量越多，孔隙内的水与孔隙外的盐浓度差较大，氯离子扩散的驱动力一直存在，所以 OPC 的 c_s 逐渐减小，而 ASC 的 c_s 却在增加。60%ASC 的孔隙结构最为致密，客观上限制了氯离子的扩散速度，因此从曲线上发现 60%ASC 的 c_s 最小。

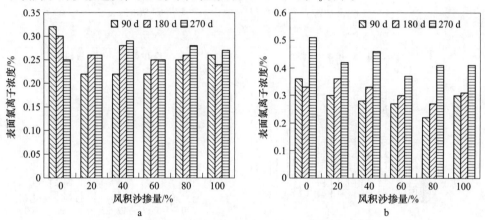

图 6-16　OPC 和 ASC 在盐溶液长期腐蚀作用下不同天数的表面氯离子浓度

a—3.85%(Na$_2$SO$_4$+NaCl)溶液；b—3.5%NaCl 溶液

6.2.6.2　盐腐蚀+冻融双因素作用

图 6-17 所示为盐腐蚀+冻融循环作用下 c_s，前 75 次循环，随着冻融次数的增加 c_s 增加，但是在 75 次循环之后，c_s 在复合盐溶液中减小，而在 NaCl 溶液中继续保持增加。

在复合盐溶液中由于 Na$_2$SO$_4$ 的抑制阻碍作用以及冻融损伤造成的表面脱落，因此测得的 c_s 在 75 次循环后逐渐减小；而在 NaCl 溶液的整个循环过程中表面损伤脱落很少，随着盐溶液腐蚀冻融次数的增加，内部损伤的不断发展，c_s 逐渐增加。在两种盐溶液中随着风积沙掺量的增加，c_s 逐渐减小。

6.2.6.3　盐腐蚀+60 ℃干湿双因素作用

图 6-18 所示为经历盐腐蚀和 60 ℃干湿循环后的 c_s，c_s 随着循环次数的增加

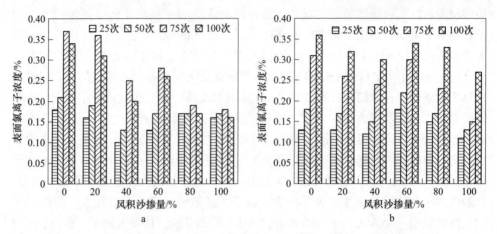

图 6-17　OPC 和 ASC 在盐腐蚀+冻融循环双因素作用不同次数的表面氯离子浓度

a—3.85%(Na₂SO₄+NaCl)溶液；b—3.5%NaCl 溶液

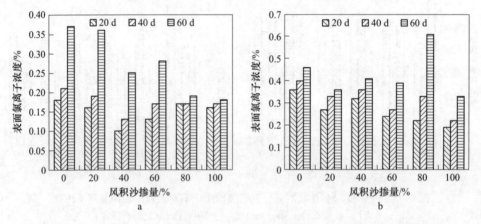

图 6-18　OPC 和 ASC 在盐腐蚀+60 ℃干湿循环双因素后不同天数的表面氯离子浓度

a—3.85%(Na₂SO₄+NaCl)溶液；b—3.5%NaCl 溶液

而增加；在复合盐溶液中经历干湿循环，随着循环次数的增加，风积沙掺量越大 c_s 增加的幅度越小，在 NaCl 溶液中 c_s 增加的幅度越来越大。说明随着干湿循环次数的增加，混凝土损伤不断发展，在复合盐溶液中由于 Na₂SO₄ 结晶导致的损伤正效应使 c_s 增加的幅度越来越小；而在 NaCl 溶液中由于温度作用，NaCl 结晶明显提高，风积沙掺量的增大使 ASC 内部孔隙含量提高，会有更多的 NaCl 结晶物附着在孔隙内部，因此 c_s 增加的幅度越来越大。60%ASC 由于较密的孔隙结构特征，因此测得的 c_s 在 6 组混凝土中最小。

6.2.6.4　盐腐蚀+冻融+60 ℃干湿三因素作用

图 6-19 所示为混凝土经历盐腐蚀+冻融+60 ℃干湿循环后的表面氯离子浓

度，总体来看，6 组混凝土的 c_s 随着循环天数的增加而增加，随着风积沙掺量的增加而减小。这说明三因素作用下 ASC 的损伤在不断发展，导致氯离子的扩散速度在加快；而随着风积沙掺量的增加，虽然混凝土的孔隙率在增加，但是内部有很多的独立大孔隙导致其总体孔隙量在增加，混凝土的损伤由于内部含有较多的独立性孔隙得到了一定的抑制与阻碍作用，因此 100%ASC 的损伤最小，表面的 c_s 也较小。

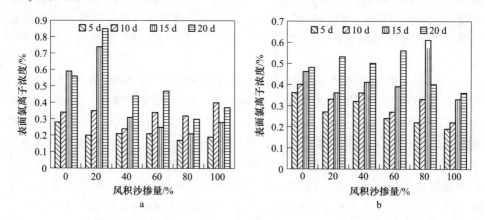

图 6-19　OPC 和 ASC 在盐腐蚀+冻融+60 ℃干湿循环三因素作用后不同天数的表面氯离子浓度
a—3.85%（Na_2SO_4+NaCl）溶液；b—3.5%NaCl 溶液

6.3　本 章 小 结

在复合盐和 NaCl 单盐溶液中对 ASC 分别进行长期浸泡、冻融、干湿循环以及冻融+干湿的耐久性试验，研究氯离子扩散性能，分别测试了其在不同工况作用下的自由氯离子浓度 c_f 和总氯离子浓度 c_t；利用 Fick 第二扩散定律进行拟合，得到了不同工况下的 D 和 c_s，结果表明：

（1） c_f 均随着腐蚀深度的增加而降低，随着龄期的增加 c_f 值增加；在长期浸泡、冻融作用下 ASC 的 c_f 值比较小，在干湿循环作用后的 c_f 值较大，且随着温度的升高 c_f 增大，在冻融+干湿循环作用后的 c_f 值居于两者之间。这说明复合作用并不是两者因素的简单叠加，存在一个正负效应的此消彼长，低温作用对 ASC 的氯离子扩散有较好的抑制作用。

（2） 在氯盐中长期浸泡作用下 80%ASC 的 c_f 值变化较小；在氯盐+冻融、氯盐+冻融+干湿循环复合因素作用下，随着冻融循环次数的增加，混凝土中风积沙掺量越大，内部氯离子的浓度变化越小，且发现测得的 c_f 远低于规范中要求的临界氯离子浓度值。

（3）ASC 的氯离子结合性能均表现为 Langumir 非线性吸附，这种吸附表现为极限吸附特征。氯离子结合能力 R 符合关系式 $R = k \cdot c_f^{-2}$，ASC 中氯离子结合能力 R 与环境有关，与外界作用循环次数没有直接关系，结合能力系数 k 是反映 ASC 结合能力的重要参数。

（4）拟合得到不同工况下的氯离子扩散系数，氯离子扩散系数与温度存在直接关系，温度越高，扩散系数越大；80% ASC 抵抗氯离子渗透能力达到最好。在氯盐+冻融双因素、氯盐+冻融+干湿三因素耦合作用下，ASC 的氯离子扩散系数随着 ASC 风积沙掺量提高而逐渐降低，80%~100% 的 ASC 抵抗氯离子渗透能力较好。

（5）在复合盐溶液中浸泡后，随着浸泡龄期的增加，OPC 的 c_s 逐渐减小，而 ASC 逐渐增加，但各组 ASC 的 c_s 差异不大，掺量大于或等于 80% 的 ASC 和 OPC 的 c_s 稍大于掺量为 20%~80% 的 ASC；在 NaCl 溶液中浸泡后，随着浸泡龄期的增加各组 ASC 的 c_s 逐渐增大，60% ASC 的 c_s 最小。在复合盐溶液浸泡和冻融复杂因素作用下，风积沙掺量提高 ASC 的 c_s 逐渐趋于稳定；在 NaCl 溶液浸泡与冻融复合因素作用下，在进行到 75 次冻融循环时，100% ASC 的 c_s 比 OPC 的氯离子浓度降低了 52%，在进行到 100 次循环时，100% ASC 比 OPC 降低了 25%，掺量越大 c_s 越小；在复合盐溶液腐蚀+干湿循环双因素作用下，随着循环次数的增加，风积沙掺量越大其 c_s 增加的幅度越来越小，而在 NaCl 溶液腐蚀+干湿循环作用下发现随着风积沙掺量的增加其 c_s 增加的幅度越来越大；6 组混凝土的 c_s 随着三因素复合作用循环次数的增加而增加，随着风积沙掺量的增加而减小。总之，ASC 在单、双和多因素作用下的 c_s 与腐蚀时间存在直线函数、幂函数和指数函数关系。

7 ASC 在复杂因素作用下的服役寿命预测方法及应用

涉及国计民生的基建工程按照耐久性设计是目前结构工程设计一个重要的发展方向，现在国内与国际上许多重大基础设施工程已经实现了以服役寿命为主要目标的耐久性设计[149-150]。世界上排名第一、第二的青岛胶州湾跨海大桥、杭州湾跨海大桥，在国内第一次明确地提出服役寿命超过 100 年的耐久性要求，并建立了可靠的钢筋腐蚀参数和输出变化数据，专门为此项目研制了混凝土结构寿命的动态预测软件，制定了大桥混凝土结构耐久性长期原位观测系统设计方案。例如，世界最长的公路铁路两用斜拉桥连接瑞典和丹麦的厄尔松海峡桥、我国建造最大的水电项目三峡大坝、世界上最高的北盘江大桥等，这些重大的基建工程都满足了 100 年的设计使用寿命要求。目前大多数混凝土的服役寿命预测方法基本都是建立在钢筋锈蚀基础上的。2000 年 Mehta 在总结 50 年来混凝土耐久性研究进展时提出[8,13]：按照影响混凝土耐久性因素的严重性程度来划分，依次是钢筋锈蚀破坏、冻融破坏和腐蚀破坏，在上述破坏因素的作用下，混凝土的服役寿命大大降低。欧洲的 DuraCrete 项目出版的《混凝土结构耐久性设计指南》，混凝土结构使用寿命设计针对大气与海洋环境提出了一整套较为完善的设计体系[13]。我国在碳化理论、氯离子扩散理论方面也做了大量的研究工作，提出了一系列寿命预测理论、寿命预测方法和模型。

目前对混凝土的寿命预测模型主要是基于混凝土的碳化、氯离子扩散和混凝土冻融损伤而建立的。Clifton[151]与金伟良[13]归纳了预测混凝土使用寿命的几种方法，分别为经验法、基于同类材料性能比较的预测、加速试验法、模型反演法、多重环境时间相似理论法和随机方法。

7.1 基于碳化方程的 ASC 寿命预测模型

混凝土内部水泥水化反应是不断生成 OH⁻ 的过程，在这种高碱性的环境（pH>12.5）可以有效防止混凝土内部的钢筋发生锈蚀。但是，当地下水、土壤、空气等周围环境中的酸性液体或气体扩散进入混凝土中，与水泥石中的 OH⁻ 发生化学反应，降低了混凝土中的 pH 值，就导致了混凝土的中性化。钢筋钝化膜稳定存在的前提是 pH 值约为 11.5，当中性化导致混凝土内部的 pH 值小于 9 时，钢筋表面的钝化膜就会因破坏而失去保护作用，在有氧气和水存在的环境下，钢筋就会产生电池腐蚀现象，钢筋腐蚀可导致混凝土结构开裂、破坏。水泥中水化产物稳定存在的 pH 值见表 7-1[152]。

表 7-1　水泥中水化产物稳定存在的 pH 值

水化产物	C-H	C-S-H、AFt 与 AFm	C-A-H、钝化膜
pH 值	12.5	10.5	11.5

　　混凝土结构由于碳化造成的钢筋锈蚀已经或者正在给世界带来巨大的经济损失。西方发达国家工程建设开展较早，工程服役期也较长，因碳化造成的耐久性问题比较突出。美国标准局 1975 年的调查研究表明：美国全年因各种腐蚀造成的经济损失约为 700 亿美元，其中因混凝土碳化导致钢筋锈蚀造成的损失占 40% 左右[153]。在英国，同样由于碳化问题引起钢筋锈蚀，必须考虑重建或者更换构件的钢筋混凝土建筑物约占 35%[153]。1975 年苏联有关资料统计表明，一般工业厂房和构筑物都有钢筋锈蚀的问题，为此造成的损失超过 400 亿卢布，占工业固定资产的 16%，由于碳化造成结构使用寿命缩短，必须投入巨额资金采取专门措施补救[153]。

　　在我国，据调查在一般大气环境下有 40% 工业与民用建筑的混凝土结构已经碳化到钢筋表面，在潮湿环境中有 90% 的构件钢筋出现锈蚀；1985 年通过调查全国近 50 处中小型钢筋混凝土水闸结构的耐久性，调查结果表明：由于混凝土碳化引起的钢筋锈蚀导致闸体结构破坏的工程占 48%[153]。交通行业由于混凝土的碳化带来的危害同样非常严重，调查表明：20 世纪 90 年代建成的混凝土结构桥梁、公路桥、人行桥等碳化严重，相当一部分已经接近甚至超过结构的保护层厚度，必须耗费巨资进行加固改造[13]。

　　混凝土碳化的测试方法主要有：酚酞指示剂法、热分析、孔结构和孔溶液分析以及显微硬度分析等[154]。

　　目前混凝土的碳化深度预测模型主要有经验模型与理论模型，模型都是建立在快速碳化深度与碳化时间的平方根成正比的模式上，并在此基础上进行修正。

　　(1) 阿列克谢耶夫模型[155]：模型基于 Fick 第一定律以及 CO_2 在多孔材料中扩散和吸收过程，即 CO_2 在混凝土孔隙中的扩散与吸收过程影响了混凝土的碳化速度。碳化模型与 CO_2 扩散系数、环境 CO_2 浓度有很大关系，该模型形式简单，与实际试验结果接近，被大多数学者接受引用，但是不适用于较低湿度环境下混凝土碳化。

$$x = \alpha\sqrt{t} = \sqrt{2D_{CO_2}C_0 t} \tag{7-1}$$

式中，x 为快速碳化深度；α 为快速碳化速率系数；t 为快速碳化时间；D_{CO_2} 为混凝土的 CO_2 有效扩散系数；C_0 为环境中 CO_2 的浓度。

　　(2) 希腊学者 Papadakis 模型[156-159]：根据混凝土中可碳化物质 C-H、C-S-

H、C_3S 与 C_2S 和环境中的 CO_2 在碳化过程的质量平衡条件，建立偏微分方程组求解而得。

$$x = \sqrt{\frac{2D_{CO_2} \cdot [CO_2]^0}{[C\text{-}H]^0 + 3[C\text{-}S\text{-}H]^0 + 3[C_3S]^0 + 2[C_2S]^0}} \sqrt{t} \tag{7-2}$$

式中，$[CO_2]^0$ 为环境中 CO_2 的浓度；$[C\text{-}H]^0$、$[C\text{-}S\text{-}H]^0$、$[C_3S]^0$、$[C_2S]^0$ 为混凝土水化物中可碳化物质的初始摩尔浓度。

式（7-2）适用于混凝土仅采用普通硅酸盐水泥，对于其他水泥需要进行修正，在较低湿度环境下试验结果与计算结果误差较大。

（3）孙伟院士团队考虑弯曲荷载对混凝土碳化深度的影响方程[160]：

$$x = \alpha t^{\frac{1}{2}} (1 + k\sigma_s^m) \tag{7-3}$$

式中，α 为碳化速率系数；k、m 为常数，σ_s 为弯曲荷载率。

（4）中国建筑科学研究院龚洛书的多参数经验模型[161-162]：

$$x = k_1 k_2 k_3 k_4 k_5 k_6 \alpha \cdot \sqrt{t} \tag{7-4}$$

式中，k_1、k_2、k_3、k_4、k_5、k_6 分别为水泥品种、水泥用量、水灰比、粉煤灰取代量、骨料品种、养护方法对碳化的影响系数；α 为混凝土碳化速度系数，普通混凝土与轻骨料混凝土不同。

（5）山东建筑科学研究院朱安民基于水灰比的经验模型[163]：

$$x = \gamma_1 \gamma_2 \gamma_3 \left(12.1 \times \frac{W}{C} - 3.2\right) \sqrt{t} \tag{7-5}$$

式中，γ_1、γ_2、γ_3 分别为水泥品种、粉煤灰取代量和气候条件影响系数。

（6）中国建筑科学研究院邸小坛的基于抗压强度的经验模型[164]：

$$x = \alpha_1 \alpha_2 \alpha_3 \left(\frac{60.0}{f_{cuk}} - 1.0\right) \sqrt{t} \tag{7-6}$$

式中，α_1、α_2、α_3 分别为混凝土养护条件、水泥品种、环境条件修正系数。

（7）上海同济大学的张誉对碳化机理进行分析，研究了影响碳化的因素与理论模型参数之间的定量关系，建立了混凝土的碳化深度预测模型[165-167]：

$$x = 839 (1 - RH)^{1.1} \sqrt{\frac{\left(\frac{W}{C} - 0.34\right) v_0}{C} \times t} \tag{7-7}$$

式中，RH 为环境相对湿度；C 为水泥用量；v_0 为 CO_2 的体积分数，%。

（8）金伟良[13,168]在长期试验和快速试验的基础上，经过回归分析得到的拟合结果与式（7-1）完全吻合。对于同一服役混凝土建筑物，可以利用检测到 t_1 时的混凝土碳化深度预测该建筑物 t_2 时的混凝土碳化深度，碳化公式表示为[13]：

$$\frac{x_2}{x_1} = \sqrt{\frac{t_2}{t_1}} \tag{7-8}$$

式中，x_2、x_1 分别为测得的、预测的碳化深度；t_2、t_1 分别为测定 x_2 和 x_1 时的碳化时间。

对于混凝土建筑物自然碳化锈蚀和快速碳化锈蚀之间的关系[13]如下：

$$\frac{x_2}{x_1} = \sqrt{\frac{C_2 t_2}{C_1 t_1}}$$
(7-9)

式中，C_2、C_1 分别为测定 x_2 和 x_1 时的 CO_2 浓度。

7.1.1　碳化试验结果与讨论

7.1.1.1　ASC 碳化深度的经时变化与影响

试验中 6 种 ASC 在 3 d、7 d、14 d、21 d、28 d 的碳化深度见表 7-2。明显发现，不同风积沙掺量的 ASC，碳化时间越长，混凝土碳化深度值越大，ASC 的碳化深度比 OPC 小，60%ASC 的碳化深度达到最小，掺量低于 60% 和高于 60% 时都随着掺量的增加碳化深度在增加。按照前面论述，60%ASC 的组织结构最密实，导致其碳化速度最慢。按照公式（7-1）进行拟合，得到 CO_2 在混凝土中的有效扩散系数 D_{CO_2} 和表面 CO_2 浓度。

表 7-2　OPC 和 ASC 的碳化深度与 CO_2 扩散系数

混凝土编号	碳化深度/mm					扩散系数(D_{CO_2}) /mm^2·d^{-1}	相关系数	表面 CO_2 浓度/%
	3 d	7 d	14 d	21 d	28 d			
OPC	7.3	8.4	10.8	15.1	18.8	9.814	0.9059	20
20%ASC	5.7	5.8	10.1	14.3	17.8	3.638	0.9059	20
40%ASC	5.5	8.0	11.0	14.7	18.4	3.597	0.9834	20
60%ASC	4.4	6.7	8.5	12.4	15.7	1.714	0.967	20
80%ASC	5.6	6.6	9.8	12.8	16.3	3.951	0.9598	20
100%ASC	5.6	6.7	9.7	13.2	19.2	5.319	0.9173	20

为了更直观地比较，给出 6 组混凝土在不同碳化龄期对应碳化深度的柱形图，如图 7-1 所示。随着碳化时间的增加，ASC 的碳化深度逐渐增加，在每一个碳化龄期内，60%ASC 抗碳化能力明显优于其他掺量混凝土。因为风积沙的颗粒较细，ASC 中的集料与胶凝材料，由大颗粒到小颗粒，再到微细颗粒，依次为粗集料石子、细集料河砂、细集料风积沙、微细集料粉煤灰、水泥胶凝材料。混凝土拌合物中集料与胶凝材料形成良好的连续级配，大小颗粒层层相互填充，就得到了较为理想的密实性能和使用性能良好的混凝土。因此，当 ASC 中风积沙替代量到一定值时，风积沙部分替代河砂会更好地发挥集料填充效应，对混凝土内部结构起到了密实效果，此时能得到最小的孔隙率，且连通的孔隙最少；但是，少掺或者全掺风积沙则对混凝土的密实填充作用又不明显了，因而降低了混凝土的抗碳化能力。

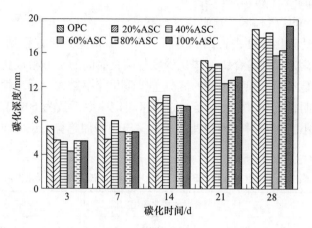

图 7-1 风积沙掺量和碳化时间对混凝土碳化深度的影响

7.1.1.2 不同风积沙掺量混凝土对 CO_2 扩散系数的影响

由表 7-2 中数据，建立风积沙掺量与 CO_2 扩散系数的关系，结果如图 7-2 所示。在整个 28 d 碳化过程中，风积沙掺量对 CO_2 扩散系数影响较大，风积沙掺量小于或等于 60%时，随着掺量的增加 CO_2 扩散系数逐渐降低；当掺量大于 60%时，风积沙掺量增加，CO_2 扩散系数也在增加，但 5 组 ASC 的 CO_2 扩散系数均小于 OPC。说明 ASC 抗碳化能力明显优于 OPC，60%ASC 的抗碳化能力最好。

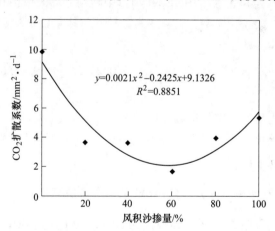

图 7-2 混凝土中 CO_2 扩散系数与风积沙掺量的关系

用 MATLAB 进行数据拟合，建立风积沙掺量与 CO_2 扩散系数的关系，见式（7-10），相关系数 $R = 0.8851$。

$$D_{CO_2} = 0.0021 C_{AS}^2 - 0.2425 C_{AS} + 9.1326 \tag{7-10}$$

式中，C_{AS} 为混凝土中风积沙掺量。

7.1.1.3　ASC 碳化深度预测模型的建立

根据测得的碳化深度进行回归分析，拟合出快速碳化方程见表 7-3，可知 6 组混凝土的碳化方程都符合快速碳化深度与碳化时间的平方根成正比的关系，即式 (7-1)，但是不同风积沙掺量的混凝土，碳化速率系数不同。根据拟合得到的快速碳化方程明显发现，6 组混凝土的快速碳化速率系数为 60%ASC 最低，风积沙掺量大于或小于 60% 时，碳化速率系数又出现增加趋势，说明 60%ASC 抗碳化性能越好。

表 7-3　使用 MATLAB 拟合的 OPC 和 ASC 的快速碳化方程

混凝土编号	拟合后的快速碳化方程	相关系数 R
OPC	$x = 3.699t^{0.5}$	0.9259
20%ASC	$x = 3.093t^{0.5}$	0.9121
40%ASC	$x = 3.051t^{0.5}$	0.9699
60% ASC	$x = 2.859t^{0.5}$	0.9408
80%ASC	$x = 3.241t^{0.5}$	0.9538
100%ASC	$x = 3.339t^{0.5}$	0.8785

基于 Fick 第一定律，参考 Duracret 项目中阿列克耶夫模型和中国建筑科学研究院龚洛书的多参数经验模型，建立了考虑风积沙掺量的加速碳化深度预测新方程，公式如下：

$$x = \sqrt{2D_{CO_2}C_0 t} = \sqrt{2 \times (0.0021C_{AS}^2 - 0.2425C_{AS} + 9.1326)} \times \sqrt{C_0 t}$$

$$(7-11)$$

结合自然碳化与实验室加速碳化的关系式 (7-9)，以及同一服役混凝土结构物利用检测到的碳化深度预测碳化深度关系式 (7-8)，可以预测任一时间点风积沙混凝土的自然碳化深度。

7.1.2　基于碳化寿命预测新方程的 ASC 工程寿命预测

某水利工程，采用 ASC 风积沙掺量为 60%，为了预估 CO_2 侵入混凝土结构的速度，现场留置了混凝土试块进行加速碳化试验。假定实际结构物所处大气中的 CO_2 的浓度为 500 ppm (0.05%)，碳化箱 CO_2 的浓度为混凝土结构物实际服役环境 CO_2 浓度的 300 倍，预测混凝土试块放入碳化箱内 7 d 时测得的碳化深度，并预测该混凝土结构在实际使用 10 年和 50 年后的碳化深度。

预测实验室加速碳化 7 d 的碳化深度为：

$$x = \sqrt{2 \times (0.0021C_F^2 - 0.2425C_F + 9.1326)} \times \sqrt{C_0 t}$$

$$= \sqrt{2 \times (0.0021 \times 0.6^2 - 0.2425 \times 0.6 + 9.1326)} \times \sqrt{0.5 \times t} = 8.1 \text{ mm}$$

预测实际使用 10 年后的碳化深度 $x = 8.1 \times \sqrt{\dfrac{10 \times 365}{7 \times 300}} = 10.7 \text{ mm}$

预测实际使用 50 年后的碳化深度 $x = 10.7 \times \sqrt{\dfrac{50}{10}} = 23.9 \text{ mm}$

假定混凝土结构物保护层厚度为 40 mm，按照实际施工的差异和张誉等人提出混凝土结构的角部碳化深度为非角部的 $\sqrt{2}$ 倍[165]，金祖权考虑混凝土保护层的变异系数是 1.7[12]；但是，结合目前实际施工现场的保护层留置情况来看，保护层变异系数取为 1.5，实际有效保护层的厚度为 26.7 mm，则 60% ASC 结构物的实际服役寿命为 62 年。

7.2　基于氯离子扩散理论的 ASC 寿命预测模型

根据氯离子扩散理论提出的寿命预测模型大多是基于 Fick 第二扩散定律，并且考虑了氯离子的结合、混凝土材料在使用过程中内部出现微裂纹等结构缺陷以及养护龄期、环境条件和材料本身对氯离子的扩散影响，并假定氯离子扩散系数、表面氯离子浓度都是常量，后面很多研究学者都是基于上述理论对氯离子扩散方程进行了修正。

（1）基于 Fick 第二扩散定律的扩散方程，按照式（6-4）为：

$$\frac{\partial c}{\partial t} = D \frac{\partial^2 c}{\partial x^2}$$

初始条件：$t = 0$，$x > 0$ 时，$c = c_0$；

边界条件：$x = 0$，$t > 0$ 时，$c = c_s$。

因此，得到理想的氯离子扩散理论模型式（6-5）为：

$$c = c_0 + (c_s - c_0)\left(1 - \text{erf} \frac{x}{2\sqrt{Dt}}\right)$$

式中，erf 是误差函数：$\text{erf} \dfrac{x}{2\sqrt{Dt}} = \dfrac{2}{\sqrt{\pi}} \displaystyle\int_0^{\frac{x}{2\sqrt{Dt}}} e^{-t^2} dt$。

上述边界条件是常数，考虑太过理想化，没有考虑表面氯离子浓度与氯离子扩散系数随时间而改变，材料缺陷、环境条件及氯离子的结合等方面的因素都对其产生影响。式（6-5）成立的前提是：1）混凝土是均质材料；2）氯离子在混凝土中是单一方向扩散的；3）氯离子的结合能力为 0。不考虑氯离子结合能力的情况下，该理论模型公式仅仅适用于均质材料且氯离子是一维扩散，因此对混凝土材料没有实际意义。

（2）考虑氯离子扩散系数的时间依赖性的模型有以下三种。

1）1996 年 Maage[169] 在工程经验、试验结果基础上，基于 Fick 第二扩散定律，提出了一个预测既有混凝土建筑服役寿命的模型公式为：

$$t = t_0 \left[\frac{x}{2\mathrm{erf}\left(\dfrac{c_{cr} - c_0}{c(c_s - c_0)}\right) \sqrt{t_0 D_0}} \right]^{\frac{2}{1-m}} \tag{7-12}$$

将式（7-12）代入式（6-5），得：

$$c_{cr} = c_0 + (c_s - c_0)\left(1 - \mathrm{erf}\frac{x}{2\sqrt{D_0 t_0^m t^{1-m}}}\right) \tag{7-13}$$

2）1999 年 Mangat 等人[170]认为，氯离子扩散系数不是一个定值，与时间有关，他是最早考虑氯离子扩散系数是时间的函数。1999 年 Thomas 等人[171]对氯离子的扩散系数随时间的函数进行了改正，公式为：

$$D_t = D_0 \left(\frac{t_0}{t}\right)^m \tag{7-14}$$

将式（7-14）代入式（6-4），得到考虑氯离子扩散系数的时间依赖性的扩散方程为：

$$\frac{\partial c}{\partial t} = D_0 t_0^m t^{-m} \frac{\partial^2 c}{\partial x^2} \tag{7-15}$$

考虑初始条件与边界条件，得到新的扩散模型为：

$$c = c_0 + (c_s - c_0)\left(1 - \mathrm{erf}\frac{x}{2\sqrt{\dfrac{D_0 t_0^m}{1 - m} t^{1-m}}}\right) \tag{7-16}$$

（3）欧洲 DuraCrete 项目的 Mejlbro 模型[172]。

1996 年 Mejlbro 考虑混凝土养护龄期、环境因素和材料因素，提出新的模型公式为：

$$c_f = c_0 + (c_s - c_0)\left(1 - \mathrm{erf}\frac{x}{2\sqrt{K_e K_c K_m D_0 t_0^m t^{1-m}}}\right) \tag{7-17}$$

式中，K_e、K_c、K_m 分别为考虑环境因素、养护龄期和材料因素的系数。

（4）考虑变边界条件的模型有以下两种。

1）表面氯离子浓度与时间是线性函数与幂函数关系。1998 年 Amey 等人[173]考虑混凝土表面氯离子浓度与时间的关系有线性函数与幂函数关系两种，则式（6-4）的解分别是：

当 $t = 0$，$x > 0$ 时，$c = 0$；当 $x = 0$，$t > 0$ 时，$c = kt$（其中 k 为常数），则有：

$$c = kt\left\{\left(1 + \frac{x^2}{2Dt}\right)\left[1 - \mathrm{erf}\left(\frac{x}{2\sqrt{Dt}}\right)\right] - \left(\frac{x}{\sqrt{\pi Dt}}\right)\mathrm{e}^{-\frac{x^2}{4Dt}}\right\} \tag{7-18}$$

当 $t = 0$, $x > 0$ 时, $c = 0$; 当 $x = 0$, $t > 0$ 时, $c = kt^{1/2}$（其中 k 为常数），则有：

$$c = k\sqrt{t}\left\{\mathrm{e}^{-\frac{x^2}{4Dt}} - \left[\frac{x\sqrt{\pi}}{2\sqrt{Dt}}\left(1 - \mathrm{erf}\left(\frac{x}{2\sqrt{Dt}}\right)\right)\right]\right\} \tag{7-19}$$

2）2002 年 Kassir 等人[174]根据试验得到了混凝土表面氯离子浓度与时间的关系是指数关系，则式（6-4）的解为：

当 $t = 0$, $x > 0$ 时, $c = 0$; 当 $x = 0$, $t > 0$ 时, $c = c_s(1 - \mathrm{e}^{-kt})$（其中 k 为常数），即 $t \to \infty$ 时, $c = c_s$，则有：

$$c = c_s\left\{1 - \mathrm{erf}\left(\frac{x}{2\sqrt{Dt}}\right) - \frac{1}{2}\mathrm{e}^{-kt}\left[\left(\mathrm{e}^{-x^2\left(-\frac{k}{D}\right)^{\frac{1}{2}}} + \mathrm{e}^{x^2\left(-\frac{k}{D}\right)^{\frac{1}{2}}}\right)\right.\right.$$
$$\left.\left.\left(1 - \mathrm{erf}\left(\frac{x}{2\sqrt{Dt}} - (-kt)^{\frac{1}{2}}\right)\right)\right]\right\} \tag{7-20}$$

（5）Boddy[175]，余红发等人[11]以及氯离子结合和材料裂化造成的影响，以及常数边界条件，有如下模型。

当考虑氯离子在混凝土中的扩散是一维扩散时，则氯离子扩散理论模型为：

$$c_f = c_0 + (c_s - c_0)\left[1 - \mathrm{erf}\frac{x}{2\sqrt{\dfrac{KD_0 t_0^m}{(1+R)(1-m)} \cdot t^{1-m}}}\right] \tag{7-21}$$

当考虑氯离子在混凝土中的扩散是二维扩散时，氯离子扩散模型为：

$$c_f = c_0 + (c_s - c_0)\left[1 - \mathrm{erf}\frac{x}{2\sqrt{\dfrac{KD_0 t_0^m}{(1+R)(1-m)} \cdot t^{1-m}}} \cdot \right.$$
$$\left. \mathrm{erf}\frac{y}{2\sqrt{\dfrac{KD_0 t_0^m}{(1+R)(1-m)} \cdot t^{1-m}}}\right] \tag{7-22}$$

当考虑氯离子在混凝土中的扩散是三维扩散时，氯离子扩散模型为：

$$c_f = c_0 + (c_s - c_0)\left[1 - \mathrm{erf}\frac{x}{2\sqrt{\dfrac{KD_0 t_0^m}{(1+R)(1-m)} \cdot t^{1-m}}} \cdot \right.$$
$$\left. \mathrm{erf}\frac{y}{2\sqrt{\dfrac{KD_0 t_0^m}{(1+R)(1-m)} \cdot t^{1-m}}} \cdot \mathrm{erf}\frac{z}{2\sqrt{\dfrac{KD_0 t_0^m}{(1+R)(1-m)} \cdot t^{1-m}}}\right]$$
$$\tag{7-23}$$

余红发还探讨了氯离子的非稳态扩散问题，这里不再赘述。

（6）赵铁军等人[176]考虑港口、海岸与近海工程的氯离子扩散系数与时间、水胶比和外掺料种类的影响，以及混凝土表面氯离子浓度随时间的变化，建立了混凝土的氯离子扩散模型为：

$$c = \frac{k_1}{\sqrt{\pi}}\left(2t + \frac{x^2}{D}\right)\int_{\frac{x}{2\sqrt{Dt}}}^{\frac{x}{2\sqrt{D(t-t_0)}}} e^{-\lambda^2}d\lambda + \frac{k_1 x}{\sqrt{D\pi}}$$

$$\left[e^{-\frac{x^2}{4D(t-t_0)}}\cdot\sqrt{t-t_0} - e^{-\frac{x^2}{4Dt}}\cdot\sqrt{t}\right] + k_2\cdot\left[1 - \mathrm{erf}\left(\frac{x}{2\sqrt{D(t-t_0)}}\right)\right] \quad (7\text{-}24)$$

（7）金祖权等人[12]考虑弯曲荷载、硫酸盐浓度及氯离子结合能力的影响，建立了盐湖地区混凝土结构的寿命预测模型为：

$$c_{cr} = c_s\cdot\left(1 - \mathrm{erf}\frac{x}{2\sqrt{\dfrac{k_{SO_4^{2-}}\left[1 + m\left(\dfrac{\sigma s}{E_{rd}}\right)^n\right]}{1 + (1 - 0.011C_{SO_4^{2-}})\cdot R}\cdot D_0\cdot t}}\right) \quad (7\text{-}25)$$

（8）牛荻涛团队[177]考虑温湿度、龄期、冻融损伤、混凝土表面剥落及氯离子结合作用等影响因素，建立的氯离子扩散理论模型为：

$$c_f = c_0 + (c_s - c_0)$$

$$\left(1 - \mathrm{erf}\frac{x - x_c}{2\sqrt{\dfrac{D_0 t_0^m\left[1 + \dfrac{(1-H)^4}{(1-H_c)^4}\right]^{-1}\cdot\exp\left[a(1 - \exp(-bN)) + \dfrac{U}{K}\left(\dfrac{1}{T_0} - \dfrac{1}{T}\right)\right]}{(1+R)(1-m)}}\cdot t^{1-m}}\right)$$

$$(7\text{-}26)$$

式中，U 为扩散过程的活化能；K 为气体常数，8.31 J/(mol·K)；T 为某个时间的绝对温度；T_0 为参考时间的绝对温度；H 为相对湿度，%；H_c 为临界相对湿度，一般为 75%；N 为冻融循环次数；a、b 为材料特性系数；

x_c 为混凝土表面剥落层厚度；R 为氯离子结合能力；m 为氯离子扩散系数 D 随时间的衰减系数。

（9）美国混凝土学会 365 委员会组织研究开发了 Life-365 计算程序，企图将该程序发展成一种标准的寿命预测模型[178]。该模型也是采用 Fick 扩散理论，氯离子扩散系数 D 的表达式采用式（7-14），模型公式如下：

$$D(t) = D_0\left(\frac{t_0}{t}\right)^m$$

式中，$D(t)$ 为 t 年时的氯离子扩散系数，以 30 年为限，当 $t > 30$ 年，取定值 $D(30)$；m 为扩散龄期系数，计算公式为：

$$m = 0.2 + 0.4 \times \left(\frac{P_{fa}}{50} + \frac{P_{sg}}{70} \right) \tag{7-27}$$

式中，P_{fa}、P_{sg} 分别为粉煤灰和矿渣在胶凝材料中的百分数；D_0 为龄期 t_0 时测得的氯离子扩散系数；t_0 为常数，一般取 28 d，对应的 $D_{28}(\text{m}^2/\text{s})$ 为：

$$D_{28} = 10^{-12.06 + 2.4 \times \frac{W}{B}} \tag{7-28}$$

式中，W/B 为水胶比。

按照式（7-16）考虑氯离子扩散系数的时间效应，则预测模型为：

$$c(x,t) = \begin{cases} c_0 + (c_s + c_0) \left[1 - \mathrm{erf} \left(\dfrac{x}{2\sqrt{\dfrac{D_0 t_0^m}{1-m} t^{1-m}}} \right) \right] & (t \leqslant 30 \text{ 年}) \\[4ex] c_0 + (c_s + c_0) \left[1 - \mathrm{erf} \left(\dfrac{x}{2\sqrt{\dfrac{D_0 t_0^m}{30^m} t \left(1 + \dfrac{30}{t} \cdot \dfrac{m}{1-m} \right)}} \right) \right] & (t > 30 \text{ 年}) \end{cases}$$

$$\tag{7-29}$$

（10）氯离子扩散的数值计算。实际工程中氯离子在混凝土中的扩散是瞬态扩散，即表面氯离子浓度 c_s 与氯离子扩散系数 D 均为时间的函数，因此，基于 Fick 第二扩散定律的氯离子扩散方程是非齐次偏微分方程，利用 Fick 第二扩散定律很难得到精确解析解。考虑氯离子的结合、温度、湿度和材料劣化等因素修正后的寿命预测模型仍然距离精确解有一定的误差，采用有限元计算软件 COMSOL Multiphysics（多物理场耦合分析软件，原 FEMLAB）[179-180] 对其进行数值计算，计算精度将会进一步提高。

7.2.1　考虑氯离子结合能力的 ASC 氯离子扩散方程

混凝土是一种多孔非均匀材料，扩散是氯离子进入混凝土的主要方式，采用 Fick 第二扩散定律进行氯离子扩散研究的前提也是假定氯离子的结合能力是 0。但氯离子结合是确实存在的，大多数时候对迁移扩散的影响是非常大的，针对 OPC、HSC 和 HPC，已经有很多的学者考虑氯离子的结合能力并建立了在盐溶液腐蚀、荷载、冻融、干湿单一或者耦合因素作用下的氯离子扩散方程和混凝土服役寿命的预测模型。

设混凝土深度为 x 处的总氯离子浓度为 c_t，自由氯离子浓度为 c_f，结合氯离子浓度为 c_b，氯离子扩散系数为 D，其中 c_f、c_b、c_t 存在如下关系：

$$c_t = c_b + c_f \tag{7-30}$$

将式（7-30）两边对扩散时间 t 求导，得到：

$$\frac{\partial c_t}{\partial t} = \frac{\partial c_b}{\partial t} + \frac{\partial c_f}{\partial t} = \frac{\partial c_f}{\partial t} \left(1 + \frac{\partial c_b}{\partial c_f} \right) \tag{7-31}$$

式 (7-31) 代入式 (6-4) 得:

$$\frac{\partial c_f}{\partial t}\left(1+\frac{\partial c_b}{\partial c_f}\right)=D\cdot\frac{\partial^2 c_f}{\partial x^2} \tag{7-32}$$

整理得到:

$$\frac{\partial c_f}{\partial t}=\frac{D}{1+\dfrac{\partial c_b}{\partial c_f}}\cdot\frac{\partial^2 c_f}{\partial x^2} \tag{7-33}$$

按照第 6 章分析可知, 各工况下得到的 ASC 氯离子结合能力符合式 (6-17)。将式 (6-17) 代入式 (7-33), 可得到:

$$\frac{\partial c_f}{\partial t}=\frac{D}{1+k\cdot c_f^{-2}}\cdot\frac{\partial^2 c_f}{\partial x^2} \tag{7-34}$$

7.2.2　ASC 氯离子扩散系数的时间效应

氯离子在扩散过程中, 伴随混凝土的二次水化、氯盐结晶和氯盐的化学结合, 导致混凝土内部孔隙在一定程度上大孔向小孔转变。随着混凝土的损伤加剧, 孔隙内外的氯离子浓度差逐渐降低, 混凝土中氯离子扩散的驱动力逐渐减小。因此, 氯离子扩散系数是随着扩散时间逐渐降低的, 与扩散时间的关系式符合式 (7-14)。采用 MATLAB 对各组 ASC 在各工况下的 D 进行拟合, 各工况下 ASC 氯离子扩散系数的时间效应系数见表 7-4。

表 7-4　OPC 和 ASC 在不同工况作用下氯离子扩散系数的时间效应系数

试验工况	混凝土编号	3.85%(Na$_2$SO$_4$+NaCl)溶液		3.5%NaCl 溶液	
		m	R^2	m	R^2
J	OPC	1.287	0.9955	1.024	0.9976
	20%ASC	0.9007	0.9915	1.218	0.9987
	40%ASC	0.6306	0.8296	0.4258	0.9998
	60%ASC	0.8049	0.834	0.9754	0.9994
	80%ASC	0.4024	0.5933	1.153	0.8969
	100%ASC	1.55	0.9892	0.6738	0.7468
D	OPC	1.299	0.9773	1.551	0.9637
	20%ASC	1.335	0.9712	1.107	0.9478
	40%ASC	1.601	0.9952	1.012	0.9082
	60%ASC	1.839	0.9998	0.946	0.9177
	80%ASC	0.7925	0.9916	1.072	0.9879
	100%ASC	0.6505	0.9502	1.005	0.9723

试验工况	混凝土编号	3.85%(Na_2SO_4+NaCl)溶液		3.5%NaCl 溶液	
		m	R^2	m	R^2
H60	OPC	0.3827	0.9438	0.6298	0.8875
	20%ASC	0.3041	0.7395	1.127	0.9989
	40%ASC	0.4595	0.8173	0.637	0.9937
	60%ASC	1.362	0.9985	0.6803	0.9984
	80%ASC	0.7069	0.718	0.3577	0.5697
	100%ASC	0.6968	0.8969	1.571	0.9817
H100	OPC	2.904	0.9736	1.583	0.9383
	20%ASC	−0.4777	0.7205	0.9277	0.9315
	40%ASC	1.14	0.8658	1.036	0.9041
	60%ASC	1.576	0.8716	1.472	0.7597
	80%ASC	0.7697	0.6764	1.644	0.9655
	100%ASC	1.245	0.7371	1.295	0.5966
HD	OPC	1.761	0.9905	1.399	0.9648
	20%ASC	1.815	0.9985	1.189	0.7605
	40%ASC	0.935	0.8398	1.039	0.9939
	60%ASC	1.614	0.8543	1.457	0.9887
	80%ASC	1.0	0.772	1.713	0.984
	100%ASC	1.691	0.5893	1.426	0.5867

按照式（7-34）并考虑氯离子扩散系数的时间效应、氯离子结合能力的 ASC 氯离子扩散新方程为：

$$\frac{\partial c_f}{t^{-m}\partial t} = \frac{D_0 t_0^m}{1 + k \cdot c_f^{-2}} \times \frac{\partial^2 c_f}{\partial x^2} \tag{7-35}$$

$$\frac{\partial c_f}{\partial \left(\dfrac{t^{1-m}}{1-m}\right)} = \frac{D_0 t_0^m}{1 + k \cdot c_f^{-2}} \times \frac{\partial^2 c_f}{\partial x^2} \tag{7-36}$$

让 $T = \dfrac{t^{1-m}}{1-m}$，则式（7-36）得：

$$\frac{\partial c_f}{\partial T} = \frac{D_0 t_0^m}{1 + k \cdot c_f^{-2}} \times \frac{\partial^2 c_f}{\partial x^2} \tag{7-37}$$

$$\frac{\partial c_f}{\partial T} = \frac{D_0}{1 + k \cdot c_f^{-2}} \times \frac{\partial^2 c_f}{\partial x^2} \tag{7-38}$$

方程式（7-38）即为 ASC 的氯离子扩散新方程，其中 D_0 表示在时间为 t_0 时的氯离子扩散系数，m 表示时间效应系数。

7.2.3 ASC 表面氯离子浓度的时间效应

运用 MATLAB 进行数值模拟，得到了不同风积沙掺量混凝土在不同工况下表面氯离子浓度的时间效应函数，见表 7-5。可以发现，在氯盐环境下，各组 ASC 在各工况下的表面氯离子浓度随时间的变化曲线有 3 种情况：分别是线性函数、幂函数和指数函数形式。

$$c_s = k_1 \cdot t + c_0 \tag{7-39}$$

$$c_s = k_1 \cdot t^{\frac{1}{2}} + c_0 \tag{7-40}$$

$$c_s = c_{s0}(1 - e^{-k_1 t}) \tag{7-41}$$

式中，c_s 为表面氯离子浓度；k_1、c_0、c_{s0} 为常数；t 为氯离子扩散时间。

表 7-5 ASC 在不同工况作用下表面氯离子浓度的时间效应函数

试验工况	混凝土编号	3.85%（Na_2SO_4+NaCl）溶液		3.5%NaCl 溶液	
		c_s	R^2	c_s	R^2
J	OPC	$0.021t^{1/2}$	0.636	$0.03t^{1/2}$	0.919
	20%ASC	$0.25\times(1-e^{-0.76t})$	0.9772	$0.027t^{1/2}$	0.9762
	40%ASC	$0.26\times(1-e^{-0.79t})$	0.9478	$0.027t^{1/2}$	0.9834
	60%ASC	$0.24\times(1-e^{-0.6t})$	0.9863	$0.023t^{1/2}$	0.9657
	80%ASC	$0.26\times(1-e^{-0.92t})$	0.9911	$0.023t^{1/2}$	0.971
	100%ASC	$0.26\times(1-e^{-0.46t})$	0.9906	$0.025t^{1/2}$	0.9523
D	OPC	$0.036t^{1/2}$	0.9336	$0.004t+0.016$	0.9768
	20%ASC	$0.033t^{1/2}$	0.9021	$0.003t+0.022$	0.9732
	40%ASC	$0.022t^{1/2}$	0.8737	$0.003t+0.018$	0.973
	60%ASC	$0.028t^{1/2}$	0.9481	$0.034t^{1/2}$	0.9923
	80%ASC	$0.18\times(1-e^{10.33t})$	0.9879	$0.029t^{1/2}$	0.9434
	100%ASC	$0.17\times(1-e^{1.62t})$	0.9879	$0.002t+0.016$	0.9024
H60	OPC	$0.006t+0.019$	0.9417	$0.41\times(1-e^{10.54t})$	0.9608
	20%ASC	$0.006t+0.011$	0.9438	$0.051t^{1/2}$	0.9626
	40%ASC	$0.004t+0.003$	0.9566	$0.36\times(1-e^{10.36t})$	0.9605
	60%ASC	$0.004t+0.013$	0.9656	$0.048t^{1/2}$	0.974
	80%ASC	$0.18\times(1-e^{0.13t})$	0.9921	$0.01t-0.001$	0.975
	100%ASC	$0.17\times(1-e^{10.88t})$	0.9909	$0.04t^{1/2}$	0.9714

试验工况	混凝土编号	3.85%(Na₂SO₄+NaCl)溶液		3.5%NaCl 溶液	
		c_s	R^2	c_s	R^2
H100	OPC	$0.04t^{1/2}$	0.9714	$0.41\times(1-e^{2.576t})$	0.9608
	20%ASC	$0.006t+0.011$	0.9438	$0.051t^{1/2}$	0.9626
	40%ASC	$0.004t+0.003$	0.9566	$0.4\times(1-e^{0.076t})$	0.9933
	60%ASC	$0.004t+0.013$	0.9656	$0.048t^{1/2}$	0.974
	80%ASC	$0.18\times(1-e^{10.96t})$	0.9887	$0.01t-0.001$	0.975
	100%ASC	$0.17\times(1-e^{10.54t})$	0.9909	$0.04t^{1/2}$	0.9714
HD	OPC	$0.13t^{1/2}$	0.9428	$0.46\times(1-e^{0.268t})$	0.9891
	20%ASC	$0.045t-0.02$	0.9711	$0.108t^{1/2}$	0.9558
	40%ASC	$0.02t+0.044$	0.9288	$0.114t^{1/2}$	0.9632
	60%ASC	$0.092t^{1/2}$	0.8577	$2.0\times(1-e^{0.015t})$	0.9508
	80%ASC	$0.29\times(1-e^{0.235t})$	0.8578	$0.55\times(1-e^{0.124t})$	0.8209
	100%ASC	$0.37\times(1-e^{0.202t})$	0.8716	$0.08t^{1/2}$	0.98

注：t 表示氯离子扩散时间。

7.2.4 复杂环境地区 ASC 寿命预测模型的建立

结合 ASC 在水利工程中的实际应用要求，ASC 主要适用于水利工程中的坝体、渠道衬砌等，因此，其在氯盐溶液中的扩散只是向一个方向扩散，即扩散过程是一维扩散。

按照 ASC 的氯离子扩散新方程，即式（7-38）如下：

$$\frac{\partial c_f}{\partial T} = \frac{D_0}{1+k\cdot c_f^{-2}} \times \frac{\partial^2 c_f}{\partial x^2}, \text{其中} \ T = \frac{t^{1-m}}{1-m}$$

$$\frac{\partial c_f}{\partial T} = \frac{D_0}{1+k\cdot c_f^{-2}} \times \frac{\partial^2 c_f}{\partial x^2} \quad (x>0,T>0;c_{f\,|\,x>0,T=0}=c_0)$$

（1）对于边界条件：$x=0$，$t>0$，$c_s=k_1t+c_0$，经过 Laplace 变换并求解一阶常系数非齐次微分方程，则 ASC 的氯离子扩散模型为：

$$c_f = k_1\left\{\left[1+\frac{(1-m)x^2}{800kD_0t_0^mt^{1-m}}\right]\text{erfc}\frac{x}{2\sqrt{\dfrac{D_0t_0^mt^{1-m}}{400k(1-m)}}} - \frac{x}{\sqrt{\dfrac{\pi D_0t_0^mt^{1-m}}{400k(1-m)}}}e^{-\frac{100k(1-m)x^2}{D_0t_0^mt^{1-m}}}\right\}$$

$$(7\text{-}42)$$

（2）对于边界条件：$x=0$，$t>0$，$c_s = k_1 t^{\frac{1}{2}} + c_0$，则 ASC 的氯离子扩散模型为：

$$c_f = k_1 t^{\frac{1}{2}} \left[e^{-\frac{100k(1-m)x^2}{D_0 t_0^m t^{1-m}}} - \frac{\sqrt{\pi} x}{2\sqrt{\dfrac{D_0 t_0^m t^{1-m}}{400k(1-m)}}} \cdot \text{erfc} \frac{x}{2\sqrt{\dfrac{D_0 t_0^m t^{1-m}}{400k(1-m)}}} \right] \tag{7-43}$$

（3）对于边界条件：$x=0$，$t>0$，$c_s = c_{s0}(1 - e^{-k_1 t})$，则 ASC 的氯离子扩散模型为：

$$c_f = c_{s0} \left\{ \text{erfc} \frac{10x}{\sqrt{\dfrac{D_0 t_0^m t^{1-m}}{k(1-m)}}} - \frac{1}{2} e^{-k_1 t} \left[2\cosh\left(20x^2 \cdot \sqrt{\frac{(m-1)\cdot k \cdot k_1}{D_0 t_0^m}} \right) \right. \right.$$

$$\left. \left. \left(1 - \text{erf}\left(\frac{10x}{\sqrt{\dfrac{D_0 t_0^m t^{1-m}}{k(1-m)}}} - (-k_1 t)^{\frac{1}{2}} \right) \right) \right] \right\} \tag{7-44}$$

其中，$\text{erfc}(x) = 1 - \text{erf}(x) = \dfrac{2}{\sqrt{\pi}} \int_x^{+\infty} e^{-t^2} dt$，称为余误差函数。

式中，D_0 为在 t_0 时刻的氯离子扩散系数；k 为 ASC 的氯离子结合能力系数，可通过查表 6-2 得到；m 为 ASC 的氯离子扩散系数的时间效应系数，可查表 7-4 得到；c_{s0}、k_1 为 ASC 表面氯离子浓度的时间效应函数中的常数，可查表 7-5 得到。

令混凝土结构保护层厚度 x 取 40 mm[127]，c_f 取临界氯离子浓度，即 $c_f = c_{cr} = 0.05\%$，可按照式（7-42）~式（7-44）求出氯离子扩散需要的时间 t。

7.3　基于冻融损伤的 ASC 寿命预测模型

当混凝土结构损伤失效是由冻融破坏引起的，采用中国水科院的不同地区混凝土室内外冻融循环次数之间的关系模型[13]，公式为：

$$T = k \times \frac{N}{M} \tag{7-45}$$

式中，T 为结构的使用寿命，年；k 为冻融试验系数，一般取 12；N 为实验室的快速冻融寿命，次；M 为结构在实际环境中一年经历的冻融循环次数，次/年。

本研究进行的 ASC 耐久性试验，损伤变量都是考虑质量损失率或相对动弹性模量，按照规范要求，混凝土的质量损失率达到 5%或者相对动弹性模量下降到 60%即达到破坏标志。前文通过单因素、双因素和多因素耐久性试验，发现有冻融因素参与的耐久性试验，对大掺量风积沙的 ASC 在试验过程中同时伴随有表面和内部的损伤，表现为表层剥蚀和内部开裂，采用质量损失率或相对动弹性模量其中一个指标去评价 ASC 在冻融环境下的损伤难以做到准确全面。

因此本研究专门为 ASC 构造一个损伤变量ϖ，可以同时反映质量损失率和相对动弹性模量两个指标的变化，损伤变量方程为：

$$\varpi = \left(1 - \frac{W}{0.05}\right)\left(\frac{E_r}{0.6} - 1\right) \qquad (7\text{-}46)$$

式中，ϖ 为损伤变量；W 为质量损失率，%；E_r 为相对动弹性模量，%。

ϖ 必须满足 $\varpi > 0$，当出现 $\varpi \leqslant 0$ 的情况时，即表示 ASC 已经达到破坏标志。该指标 ϖ 全面考虑了质量损失率和相对动弹性模量两个指标，即表面和内部损伤两种情况，可以真实反映 ASC 在冻融环境下的损伤程度。

由图 7-3 所示在三种盐溶液中经历冻融后 ASC 的损伤变量 ϖ 明显要比在水中更快，表明在盐溶液冻融后损伤速度更快，在四组溶液中 100%ASC 的抗冻性能更好，在复合盐溶液与硫酸钠溶液可以进行 250 次循环，除冰盐溶液中 225 次，水中可以达到 300 次，完全可以满足其在工程中的抗冻性能。

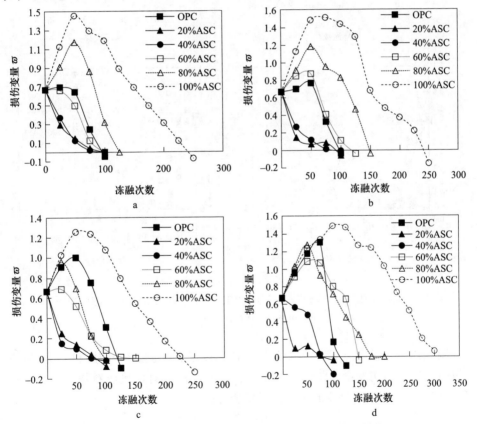

图 7-3　在盐腐蚀+冻融循环双因素作用下 OPC 和 ASC 的损伤变量
a—（Na$_2$SO$_4$+NaCl）溶液；b—Na$_2$SO$_4$溶液；c—NaCl 溶液；d—水

图 7-4 所示是经历更为复杂的盐腐蚀+冻融+干湿循环三因素作用后的损伤变

量，在盐溶液中的损伤速度比水中的损伤更快，在同一种盐溶液中明显可看出风积沙掺量大于或等于 60% 的 ASC 损伤程度明显要比低掺量的 ASC 和 OPC 要低；OPC 与掺量小于或等于 40% 的 ASC 损伤变量呈线性下降，而掺量大于或等于 60% 的 ASC 则以抛物线方式变化，即先增大后下降。

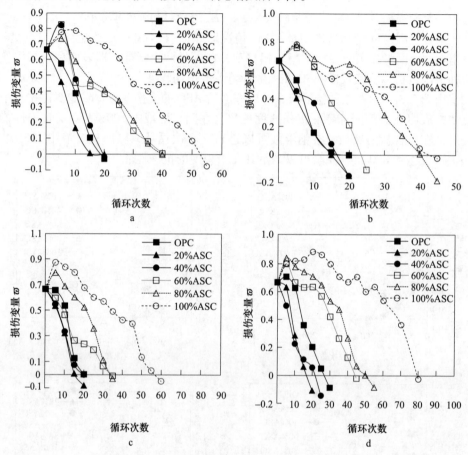

图 7-4　在盐腐蚀+冻融+干湿循环三因素作用下 OPC 和 ASC 的损伤变量

a—（Na$_2$SO$_4$+NaCl）溶液；b—Na$_2$SO$_4$溶液；c—NaCl 溶液；d—水

　　因此，在冻融环境下评价 ASC 的损伤程度或者预测 ASC 的服役寿命时，完全可以通过新损伤变量ϖ来进行，对于采用 ASC 的既有建筑或新建的水利工程，可以计算冻融环境下 ASC 的服役或者剩余寿命。

7.4　在复杂环境下提高 ASC 耐久性的建议与措施

　　查阅文献［181-184］，目前对 OPC、ASC、HPC 等混凝土在各种恶劣环境下如何提高并保证其耐久性能的有效措施与建议提了很多，从材料选择、设计到施工等整个寿命周期中去重点关注考虑。比如，对新建建筑可以考虑选择合适的水泥、掺加并选择合适的外掺料，以及外加剂并提高其配制技术、优化集料（强度、用量、孔隙率、表面状态、颗粒级配及孔隙特征）、优化养护机制、优化配合比设计；在混凝土或者钢筋表面外涂防腐材料、阻锈材料、环氧涂层以及采取阴极保护措施等。对于既有建筑，可以考虑采用物理修复技术、补强加固技术、电化学技术等。

对于 ASC 在复杂环境下的使用，首先针对结构特点和风积沙理化性质设计并优化配合比。比如，采用水胶比 0.55 的 ASC，在寒冷地区宜选择 100%ASC，而在干旱地区宜选择掺量为 60%~80% 的 ASC，对于盐渍土、盐湖等盐类腐蚀地区可以对混凝土结构外涂防腐材料和阻锈材料。

7.5 本章小结

（1）OPC 的碳化深度最大，60%ASC 的碳化深度最小，掺量高于 60% 时随着掺量的增加碳化深度在增加；CO_2 扩散系数与风积沙掺量有关，风积沙掺量小于 60% 时，随着风积沙掺量的增加 CO_2 扩散系数逐渐降低；当掺量大于 60% 时，风积沙掺量增加，CO_2 扩散系数也在增加；60%ASC 抗碳化能力明显优于其他掺量 ASC。考虑风积沙掺量，建立了 ASC 加速碳化深度预测模型，经过实例验证了模型的可行性。

（2）考虑 ASC 氯离子扩散系数的时间效应系数 m、氯离子结合能力系数 k 和表面氯离子浓度是时间函数，按照 Fick 第二扩散定律，建立了 ASC 氯离子扩散新方程，并借助拉氏变换求解得到了 ASC 的基于氯离子扩散理论的寿命预测模型。

（3）基于冻融单因素、（盐腐蚀+冻融）和（冻融+干湿）双因素、（盐腐蚀+冻融+干湿）多因素作用下同时出现质量损失率与相对动弹性模量的下降，构建了冻融环境下 ASC 的损伤度评价指标ϖ，该指标同时考虑质量损失率和相对动弹性模量两个变量的变化，可更准确全面地评价 ASC 在冻融环境下的损伤程度。

参 考 文 献

［1］ PYE K, TSOAR H. Aeolian sand and sand dunes ［M］. Berlin：Springer-Verlag, 2009：1.

［2］ 朱震达, 等. 中国的沙漠化及其治理 ［M］. 北京：科学出版社, 1989：9.

［3］ 陈晓光, 罗俊宝, 张生辉. 沙漠地区公路建设成套技术 ［M］. 北京：人民交通出版社, 2006.

［4］ 朱震达, 吴正, 刘恕. 中国沙漠概论 ［M］. 北京：科学出版社, 1980.

［5］ 吴正. 中国的沙漠 ［M］. 北京：商务印书馆, 1992.

［6］ 耿宽宏. 中国沙区的气候 ［M］. 北京：科学出版社, 1986.

［7］ 吴正. 风沙地貌学 ［M］. 北京：科学出版社, 1987.

［8］ MEHTA P K. Fifty year′s progress ［C］. Durability of Concrete 2nd International Conference, 1991, Montreal, 1991：1-31.

［9］ 覃维祖. 混凝土结构耐久性的整体论 ［J］. 建筑技术, 2003, 30 （1）：19-22.

［10］ 金伟良, 赵羽习. 混凝土结构耐久性研究的回顾与展望 ［J］. 浙江大学学报 （工学版）, 2002, 36 （4）：371-380.

［11］ 余红发. 盐湖地区高性能混凝土的耐久性、机理与使用寿命预测方法 ［D］. 南京：东南大学, 2004.

［12］ 金祖权. 西部地区严酷环境下混凝土的耐久性与寿命预测 ［D］. 南京：东南大学, 2006.

［13］ 金伟良, 赵羽习. 混凝土结构耐久性 ［M］. 北京：科学技术出版社, 2002.

［14］ 中国工程院土木水利与建筑学部工程结构安全性与耐久性研究咨询项目组. 混凝土结构耐久性设计与施工指南 ［M］. 北京：中国建筑工业出版社, 2004.

［15］ ZHU Bingqi, YANG Xiaoping, LIU Ziting, et al. Geochemical compositions of soluble salts in aeolian sands from the Taklamakan and Badanjilin deserts in northern China, and their influencing factors and environmental implications ［J］. Environ Earth Sci, 2012, 66：337-353.

［16］ 高玉生, 程汝恩, 李英海, 等. 中国沙漠风积沙工程性质研究及工程应用 ［M］. 北京：中国水利水电出版社, 2013.

［17］ HU Dong, LU Yan. Driving forces responsible for aeolian desertification in the source region of the Yangtze River from 1975 to 2005 ［J］. Environ. Earth Sci, 2012, 66：257-263.

［18］ MARIA G M Elipe, SUSANA Lopez-Querol. Aeolian sands：Characterization, options of improvement and possible employment in construction-the state-of-the-art ［J］. Construction and Building Materials, 2014, 73：728-739.

［19］ 中华人民共和国建筑工程部部颁标准. BJG 19—65《特细砂混凝土配制及应用规程》 ［S］. 1965.

［20］ 张武, 王克勤. 特细砂在普通混凝土中的应用与研究 ［J］. 施工技术, 2002, 31 （8）：41-42.

［21］ 姜波. 机制砂掺特细砂在混凝土桥梁施工中的运用 ［J］. 山西建筑, 2008, 34 （11）：311-312.

[22] 叶莉. 新疆油建用沙漠沙代替常规施工所需中砂 [J]. 石油工程建设, 1994, (1): 48-49.

[23] 贾海牛, 刘娟红, 宋少民. 粉煤灰特细砂混凝土在固原车站建筑工程的应用 [J]. 粉煤灰综合利用, 2001 (2): 10-11.

[24] 王进勇. 滑模摊铺特细砂混凝土路面材料配合比及性能研究 [D]. 南京: 东南大学, 2001.

[25] 李莉, 陈玲. 滑模施下水泥路面特细砂混凝土原材料的选择 [J]. 云南交通科技, 2000, 16 (3): 27-30.

[26] 张长民, 王宗玉, 沙林浩. 沙漠超细砂配制砂浆、混凝土的应用研究 [J]. 石油工程建设, 2002, 2 (1): 15-17.

[27] 张长民, 周伟, 丁新龙, 等. 沙漠超细砂配制混凝土的应用研究 [J]. 新型建筑材料, 2001 (9): 28.

[28] 许海彬, 张薇. 塔里木沙漠沙混凝土腐蚀防治技术研究 [J]. 商品混凝土, 2008 (1): 19-23.

[29] 朱腾明, 党涛, 孙为民. 用沙漠沙代替工程砂做基础工程材料的试验研究与应用 [J]. 建筑科学, 1997 (4): 26.

[30] 陈志飞, 谢欣欣, 墨红超. 沙漠沙与机制砂掺配使用配制 C50 混凝土 [J]. 商品混凝土, 2012 (7): 57-60.

[31] 宋旭辉, 侯文虎, 杨树新, 等. 利用沙漠细砂生产泡沫混凝土的研究 [J]. 混凝土, 2007, 12: 55-57.

[32] HUA C, GRUZ X, EHRLACHER A. Thin sand concrete plate of high resistance in traction [J]. Materials & Structures, 1995, 28 (9): 550-553.

[33] NGO Tien-Tung, KADRI El-Hadj, CUSSIGH François, etc. Measurement and modeling of fresh concrete viscous constant to predict pumping pressures [J]. Canadian Journal of Civil Engineering, 2011, 38 (8): 944-956.

[34] 王娜, 李斌. 撒哈拉沙漠沙高强度混凝土配合比设计及研究 [J]. 混凝土, 2004 (1): 139-146.

[35] 张国学, 宋建夏, 杨维武, 等. 沙漠沙对水泥砂浆和混凝土性能的影响 [J]. 宁夏大学学报 (自然科学版), 2003, 24 (1): 63-65.

[36] 宋建夏, 王彩波, 王德平, 等. 毛乌素沙地特细砂混凝土强度计算公式的确定 [J]. 宁夏工程技术, 2010, 3 (1): 16-18.

[37] 刘娟红, 靳冬民, 包文忠, 等. 沙漠沙混凝土试验研究 [J]. 混凝土世界, 2013, 9 (51): 66-68.

[38] 董伟, 申向东. 不同风积沙掺量对水泥砂浆流动度和强度的影响 [J]. 硅酸盐通报, 2013, 1900-1904.

[39] 陈美美, 宋建夏, 赵文博, 等. 掺粉煤灰的沙漠沙混凝土力学性能研究 [J]. 宁夏工程技术, 2011, 3 (1): 61-63.

[40] POWERS T C. A Working hypothesis for further studies of frost resistance of concrete [J]. ACI Journal, Proceedings, 1945, 16 (4): 245-272.

［41］POWERS T C. The air requirement of frost-resistance concrete ［J］. Proceedings of Highway Research Board, 1949, 29: 184-202.

［42］POWERS T C. Helmuth R A. Theory of volume changes in hardened Portland cement paste during freezing ［J］. Proceedings, Highway Research Board, 1953, 32: 285-297.

［43］SCHERER G W. Crystallization in pores ［J］. Cement and Concrete Research, 1999, 29 (8): 1347-1358.

［44］SCHERER G W. Stress from crystallization of salt ［J］. Cement and Concrete Research, 2004, 34: 1613-1624.

［45］BRESME F, CÁMARA L G. Computer simulation studies of Crystallization under confinement condition ［J］. Chemical Geology, 2006, 230: 197-206.

［46］FAGERLUND G. The international cooperative test of the critical degree of saturation method of assessing the freeze/thaw resistance of concrete ［J］. Materials and Structures, 1977, 10: 231-253.

［47］FAGERLUND G. The critical degree of saturation method of assessing the freeze/thaw resistance of concrete ［J］. Materials and Structures, 1977, 10 (58): 379-382.

［48］COLLINS A R. The destruction of concrete by frost ［J］. Journal of Institution of Civil Engineers, 1944, 23 (1): 29-41.

［49］宁作军. 冻融作用下混凝土的损伤与断裂研究 ［D］. 哈尔滨: 哈尔滨工业大学, 2009.

［50］中国水利水电科学研究院. 大体积混凝土 ［M］. 北京: 中国水利水电出版社, 1990.

［51］乔宏霞, 何忠茂, 刘翠兰. 粉煤灰混凝土在硫酸盐环境中的动弹性模量研究 ［J］. 粉煤灰综合利用, 2006 (1): 6-8.

［52］陈伟, 许宏发. 考虑干湿交替影响的氯离子侵入混凝土模型 ［J］. 哈尔滨工业大学学报, 2006, 38 (12): 2191-2194.

［53］林刚, 蒋应华. 干湿交替下混凝土氯离子运输模拟 ［J］. 武汉工业学院学报, 2009, 28 (3): 68-71.

［54］金伟良, 张奕, 卢振勇. 非饱和状态下氯离子在混凝土中的渗透机理及计算模型 ［J］. 硅酸盐学报, 2008, 36 (10): 1363-1369.

［55］李春秋, 李克非. 干湿交替下表层混凝土中氯离子传输: 原理、试验和模拟 ［J］. 硅酸盐学报, 2010, 38 (4): 582-589.

［56］曹卫群. 干湿交替环境下混凝土的氯离子侵蚀与耐久性防护 ［D］. 西安: 西安建筑科技大学, 2013.

［57］SKALNY J P, ODLER I, MARCHAND J. Sulfate Attack on Concrete, Spon ［C］. London, 2001.

［58］HIME W G, MATHER B. "Sulfate attack", or is it? ［J］. Cement and Concrete Research, 1999, 29 (5): 789-791.

［59］刘赞群. 混凝土硫酸盐侵蚀基本机理研究 ［D］. 长沙: 中南大学, 2010.

［60］NEVILLE Adam. The confused world of sulfate attack on concrete ［J］. Cement and Concrete Research, 2004, 34 (8): 1275-1296.

［61］HARVEY Haynes. Sulfate attack on concrete: laboratory versus field experience ［J］. Concrete

Internation, 2002, 24 (7): 65-70.

[62] 刘光华, 苏慕珍, 陈鹤云, 等. 硫铝酸盐水泥混凝土的耐腐蚀机理 [M]∥王媛俐, 姚燕. 重点工程混凝土耐久性的研究与工程应用. 北京: 中国建材工业出版社, 2001: 381-388.

[63] BENSTED J. Thaumasite-background and nature in deterioration of cements, mortars and concretes [J]. Cement and Concrete Composite, 1999, 21 (2): 117-121.

[64] Crammond N J. The thaumasite form of sulfate attack in the UK [J]. Cement and Concrete Composites, 2003, 25 (8): 809-818.

[65] XIAO Jia, DENG Dehua, Liu Zanqun, et al. On the ettringite form of sulfate attack: Part I. The formation mechanism of secondary ettringite in concrete due to sulfate attack [J]. 武汉理工大学学报 (材料科学版), 2006, 21 (增刊1): 58-63.

[66] DENG Dehua, LIU Zanqun, YUAN Qiang, et al. On the ettringite form of sulfate attack: Part II. The expansive mechanism of concrete caused by secondary ettringite [J]. 武汉理工大学学报 (材料科学版), 2006, (增刊1): 44-48.

[67] THAULOW N, SAHU S, et al. Mechanism of concrete deterioration due to salt crystallization [J]. Materials Characterization, 2004, 53 (2/3/4): 123-127.

[68] 洪乃丰. 基础设施腐蚀防护和耐久性问与答 [M]. 北京: 化学工业出版社, 2009: 61-65.

[69] WEE T H, WONG S F, SWADDIWUDHIPONG S, et al. A prediction method for long-term chloride concentration profiles in hardende cement matrix materials [J]. ACIMater. J., 1997, 94 (6): 565-576.

[70] 孙伟. 现代结构混凝土耐久性评价与寿命预测 [M]. 北京: 中国建筑工业出版社, 2015.

[71] ARYA C, NEWMAN J B. An assessment of four methods of determining the free chloride contents in concrete [J]. Mater and Steuct, Res. and Testing, 1990, 23: 319-330.

[72] FELDMAN R F, BEAUDOIO J J, Philipose K E. Effect of cement blends on chloride and sulfate ion diffusion in concrete [J]. II Cemento, 1991 (88): 3-18.

[73] P J TUMIDAJSKI, G W CHAN. Effent of sulfate and carbon dioxide on chloride diffusivity [J]. Cement and Concrete Research, 1996 (26): 551-556.

[74] DEHWAH H A F, MASLEHUDDIN M, AUSTIN S A. Long-term effect of sulfate ions and associated cation type on chloride-induced reinforcement corrosion in Portland cement concrete [J]. Cement and Concrete Composites, 2002 (24): 17-25.

[75] Omar Saeed Baghabra Al-Amoudi, Mohammed Maslehuddin, Yaser A B Abdul-Al. Role of chloride ions on expansion and strength reduction in plain and blended cements in sulfate environments [J]. Construction and Building Materials, 1999 (1): 25-33.

[76] 莫斯克文 B M, 等. 混凝土及钢筋混凝土的腐蚀及其防护方法 [M]. 倪继水, 等译. 北京: 化学工业出版社, 1998.

[77] SAITO Mitsuru, ISHIMORI Hiroshi. Chloride permeability of concrete under static and repeated compressive loading [J]. Cement and Concrete Research, 1995, 25 (4): 803-808.

[78] WERNER Klaus-Christian, CHEN Yaoxing, ODLER Ivan. Investigations on stress corrosion of hardened cement pastes [J]. Cement and Concrete Research, 2000 (30): 1443-1451.

[79] SCHNEIDER U, CHEN S W. The chemomechanical effect and the mechanochemical effect on high-performance concrete subjected to stress corrosion [J]. Cement and Concrete Research, 1998, 28 (4): 509-522.

[80] 冷敏梅, 姜国庆. 在5%硫酸钠溶液中混凝土应力腐蚀试验研究 [J]. 混凝土与水泥制品, 1996 (2): 22-25.

[81] 慕儒. 冻融循环与外界弯曲应力、盐溶液复合作用下混凝土的耐久性与寿命预测 [D]. 南京: 东南大学, 2000.

[82] 詹炳根, 孙伟, 等. 冻融循环对混凝土碱硅酸反应的二次损伤的影响 [J]. 东南大学学报 (自然科学版), 2005, 35 (4): 598-601.

[83] SUN W, ZHANG Y M, YAN H D. Damage and its resistance of concrete with different strength grades under double damage factors [J]. Cement and Concrete Composites, 1999, 21 (5/6): 439-442.

[84] SUN W, ZHANG Y M, YAN H D. Damage and damage resistance of high strength concrete under the action of load and freeze-thaw cycles [J]. Cement and Concrete Research, 1999, 9 (9): 1519-1523.

[85] 余红发, 慕儒, 孙伟, 等. 弯曲荷载、化学腐蚀和碳化作用及其复合对混凝土抗冻性的影响 [J]. 硅酸盐学报, 2005, 3 (4): 492-499.

[86] 燕坤. 多重因素作用下碳化混凝土的抗冻性 [D]. 南京: 南京航空航天大学, 2007.

[87] 黄鹏飞. 钢筋混凝土在环境腐蚀与弯曲荷载协同作用下的损伤失效研究 [D]. 北京: 中国建筑材料科学研究院, 2004.

[88] 黄鹏飞, 包亦望, 姚燕. 在盐冻循环、钢锈与弯曲荷载协同作用下钢筋混凝土的损伤失效研究 [J]. 工业建筑, 2005, 35 (5): 63-67.

[89] 王萧萧. 寒冷地区盐渍溶液环境下天然浮石混凝土耐久性研究 [D]. 呼和浩特: 内蒙古农业大学, 2015.

[90] 姬永生. 钢筋混凝土的全寿命过程与预计 [M]. 北京: 中国铁道出版社, 2011.

[91] 杜鹏. 多因素耦合作用下混凝土的冻融损伤模型与寿命预测 [D]. 北京: 中国建筑材料科学研究总院, 2014.

[92] 吴中伟. 混凝土科学技术的反思 [J]. 混凝土与水泥制品, 1988 (6): 4-8.

[93] P·库马尔·梅塔, 保罗·J·M·蒙蒂罗. 混凝土微观结构、性能和材料 [M]. 欧阳东, 译. 北京: 中国建筑工业出版社, 2016.

[94] 张金喜, 金珊珊. 水泥混凝土微观孔隙结构及其作用 [M]. 北京: 科学出版社, 2013.

[95] POWERS T C, BROWNYARD T L. Studies of the physical properties of hardened Portland cement paste [J]. Journal of the American Concrete Institute, 1947, 18 (7): 845-880.

[96] BRUNAUER S. Tobermorite gel: The heart of concrete [J]. American Scientist, 1962, 50 (1): 210-229.

[97] FELDMAN R F, SEREDA P J. A new model for hydrated Portland cement and its practical implications [J]. Engineering Journal of Canada, 1970, 53 (8/9): 53-59.

［98］ SEREDA P J, FELDMAN R F, RAMACHANDRAN V S. Structure formation and development in hardened cement paste ［J］. Proceeding of 7 th International Congress on the Chemistry of Cement, 1980, Ⅰ（Ⅵ-1）: 1-44.

［99］ WITTMANN F H. Interaction of hardened cement paste and water ［J］. Journal of the American Ceramic Society, 1973, 56（8）: 409-415.

［100］ WITTMANN F H. Grundlagen eines modeus zur beschreibung charakteristischer eigenschaften des betons ［J］. Deutscher Ausschuss für Stahlbeton, Berlin, 1977: 45-100.

［101］ 赵铁军. 混凝土抗渗性 ［M］. 北京: 科学出版社, 2006.

［102］ 郭剑飞. 混凝土孔结构与强度关系理论研究 ［D］. 杭州: 浙江大学, 2004.

［103］ KUMAR R, BHATTACHARJEE B. Porosity, Pore size distribution and in situ strength of concrete ［J］. Cement and Concrete Research, 2003, 33（1）: 155-164.

［104］ 吴中伟, 廉慧珍. 高性能混凝土 ［M］. 北京: 中国铁道出版社, 1999.

［105］ 唐明, 李晓. 混凝土分形特征研究的现状与进展 ［J］. 混凝土, 2004（12）: 8-11.

［106］ 唐明. 混凝土孔隙分形特征的研究 ［J］. 混凝土, 2000（8）: 3-5.

［107］ 唐明, 李晓. 多种因素对混凝土孔结构分形特征的影响研究 ［J］. 沈阳建筑大学学报（自然科学版）, 2005, 21（3）: 232-237.

［108］ 唐明, 王甲春, 李连君, 等. 压汞测孔评价混凝土材料孔隙分形特征的研究 ［J］. 沈阳建筑工程学院学报（自然科学版）, 2001, 17（4）: 272-275.

［109］ 谢和平. 分形-岩石力学导论 ［M］. 北京: 科学出版社, 1997.

［110］ 李永鑫, 陈益民, 贺行洋, 等. 粉煤灰-水泥浆体的孔体积分形维数及其与孔结构和强度的关系 ［J］. 硅酸盐学报, 2003, 31（8）: 774-779.

［111］ 唐明. 混凝土材料分形特征及应用研究 ［D］. 哈尔滨: 哈尔滨工业大学, 2003.

［112］ WANG Y, DIAMOND S. A fractal study of the fracture surfaces of cement pastes and mortars using a stereoscopic SEM method ［J］. Cement and Concrete Research, 2001, 31（6）: 1385-1392.

［113］ 唐明, 黄知广. 测度关系法评价水泥基材料孔隙 SEM 分形特征 ［J］. 沈阳建筑大学学报（自然科学版）, 2007, 23（6）: 952-957.

［114］ 刘代俊. 分形理论在化学工程中的应用 ［M］. 北京: 化学工业出版社, 2006.

［115］ 刘玉梅, 梅锐峰, 李树彬. 内蒙古河套灌区风积沙和淤积砂冻胀特征及防冻胀效果试验研究 ［J］. 内蒙古水利, 1993,（3）: 2-7.

［116］ 娄宗科, 阎宁霞, 周亚娟. 大掺量粉煤灰配制高性能渠道衬砌混凝土的研究 ［J］. 西北农林科技大学学报, 2004, 32（12）: 103-106.

［117］ 中华人民共和国行业标准. JTJ 270—98《水运工程混凝土试验规程》［S］. 1999.

［118］ 中华人民共和国行业标准. SL 352—2006《水利混凝土试验规程》［S］. 2006.

［119］ 中华人民共和国行业标准. JGJ 52—2006《普通混凝土用砂、石质量及检验方法标准》［S］. 2006.

［120］ 中华人民共和国行业标准. JGJ 55—2011《普通混凝土配合比设计规程》［S］. 2011.

［121］ 中华人民共和国行业标准. JGJ/T 10—95《混凝土泵送施工技术规程》［S］. 1995.

［122］ 中华人民共和国地方标准. DB-50-5028—2004《特细砂混凝土应用技术规程》

［S］．2004.

［123］中华人民共和国国家标准．GB/T 50080—2002《普通混凝土拌合物性能试验方法标准》［S］．2003.

［124］中华人民共和国国家标准．GB/T 50081—2002《普通混凝土力学性能试验方法标准》［S］．2003.

［125］中华人民共和国行业标准．JGJ/T 193—2009《混凝土耐久性检验评定标准》［S］．2009.

［126］中华人民共和国国家标准．GB/T 50082—2009《普通混凝土长期性能和耐久性能试验方法标准》［S］．2009.

［127］中华人民共和国电力行业标准．DL/T 5241—2010《水利混凝土耐久性技术规范》［S］．2010.

［128］王正中，李甲林，陈涛，等．弧底梯形渠道砼衬砌冻胀破坏的力学模型研究［J］．农业工程学报，2008，24（1）：18-23.

［129］肖旻，王正中，刘铨鸿，等．开放系统预制混凝土梯形渠道冻胀破坏力学模型及验证［J］．农业工程学报．2016，32（19）：100-105.

［130］李甲林．渠道衬砌冻胀破坏力学模型及防冻胀结构研究［D］．杨凌：西北农林科技大学，2008.

［131］申向东，张玉佩，王丽萍，等．混凝土预制板衬砌梯形断面渠道的冻胀破坏受力分析［J］．农业工程学报，2012，28（16）：80-85.

［132］刘旭东，王正中，闫长城，等．基于数值模拟的双层薄膜防渗衬砌渠道抗冻胀机理探讨［J］．农业工程学报，2011，27（1）：29-35.

［133］余红发，孙伟，麻海燕，等．冻融和腐蚀因素作用下混凝土的损伤劣化参数分析［J］．建筑科学与工程学报，2011，28（4）：1-8.

［134］杨全兵．混凝土盐冻破坏-机理、材料设计与防治措施［M］．北京：中国建筑工业出版社，2012.

［135］杜建民，梁咏宁，张风杰．地下结构混凝土硫酸盐腐蚀机理及性能退化［M］．北京：中国铁道出版社，2011.

［136］于萍．工程流体力学［M］．北京：科学出版社，2008.

［137］金伟良，袁迎曙，卫军，等．氯盐环境下混凝土结构耐久性理论与设计方法［M］．北京：科学出版社，2011.

［138］JIN WeiLiang，UEDA TAMON，BASHEER P A Muhammed. Advances in concrete structural durability-proceedings of the international conference on durability of Concrete Structures ICDCS 2008［C］．杭州：浙江大学出版社，2008.

［139］王涛，朴香兰，朱慎林．高等传递过程原理［M］．北京：化学工业出版社，2005.

［140］HOOTON R D，MCGRATH P F. Issues related to recent developments in service life specifications for concrete structures［C］//Proceedings of the 1st international RILEM workshop on chloride penetration into concrete. Saint-Les-Chevrense：RILEM，1997：388-397.

［141］COLLEPARDI M，MARCIALIS A，TURRIZZANI R. The kinetics of penetration of chloride-ions into the concrete［J］．Ⅱ Cem.，1970，（4）：157-164.

[142] COLLEPARDI M, MARCIALIS A, TURRIZZANI R. Penetration of chloride ions into cement pastes and concretes [J]. J. Am. Ceram. Soc., 1972, 55: 534-535.

[143] TUUTTI K. Corrosion of steel in concrete [R]. Stockholm: Swedish Cement and Concrete Institute, 1982, (4): 469-478.

[144] MOHAMMED T U, HAMADA H. Relationship between free chloride and total chloride contents in concrete [J]. Cem. and Concr. Res., 2003, 33 (9): 1487-1490.

[145] TANG L, NILSSON L O. Chloride binding capacity and binding isotherms of OPC pastes and mortars [J]. Cem Concr Res, 1993, 23 (2): 247-253.

[146] NILSSON L O, MASSAT M, TANG L. The effect of non-linear chloride binding on the prediction of chloride penetration into concrete structure [A]. In: Malhotra V. M. (Ed.), Durability of Concrete [C], ACI-SP-145, Detroit, 1994, 23 (2): 469-486.

[147] MARTIN-Perez B, ZIBARA H, HOOTON R D, et al. A study of the effect of chloride binding on service life predictions [J]. Cem. and Concr. Res., 2000, 30 (8): 1215-1223.

[148] SERGI W, YU S W, PAGE C L. Diffusion of chloride and hydroxylions in cementitious materials exposed to a saline environment [J]. Mag Concr Res, 1992, 44 (158): 63-69.

[149] 姚燕. 水泥与混凝土研究进展——第14届国际水泥化学大会论文综述 [M]. 北京: 中国建材工业出版社, 2016.

[150] Odd E GjФrv. 严酷环境下混凝土结构的耐久性设计 [M]. 赵铁军, 译. 北京: 中国建材工业出版社, 2010.

[151] CLIFTON J R. Predicting the service life of concrete [J]. ACI Material Journal, 1993, 90 (6): 611-617.

[152] 陈友治, 徐瑛. 冶金车间钢筋混凝土结构的化学侵蚀性破坏 [J]. 材料保护, 2001, 34 (3): 41-42.

[153] 袁群, 何芳婵, 李杉. 混凝土碳化理论与研究 [M]. 郑州: 黄河水利出版社, 2009.

[154] 柳俊哲. 混凝土碳化研究与进展—碳化机理及碳化程度评价 [J]. 混凝土, 2005 (11): 10-13.

[155] 阿列克谢耶夫. 钢筋混凝土结构中钢筋腐蚀与保护 [M]. 黄可信, 等译. 北京: 中国建筑工业出版社, 1983.

[156] PAPADAKIS V G, VAYENAS CG, FARDIS M N. Fundamental modeling and experimental investigation of concrete carbonation [J]. ACI Material Journal, 1991 (88): 363-373.

[157] PAPADAKIS V G, VAYENAS C G, FARDIS M N. A reaction engineering approach to the problem of concrete carbonation [J]. AIChE Journal, 1991 (88): 186.

[158] PAPADAKIS V G, VAYENAS C G, FARDIS M N. Physical and chemical characteristics affecting the durability of concrete [J]. ACI Material Journal, 1991 (88): 186.

[159] PAPADAKIS V G, VAYENAS C G, FARDIS M N. Experimental investigation and mathematical modeling of the concrete carbonation problem [J]. Chemical Engineering Science, 1991 (46): 1333-1338.

[160] 金祖权, 孙伟, 张云升, 等. 荷载作用下混凝土的碳化深度 [J]. 建筑材料学报, 2005 (2): 179-183.

［161］龚洛书，刘春圃．混凝土的耐久性及其防护修补［M］．北京：中国建筑工业出版社，1990．

［162］龚洛书．轻骨料混凝土碳化及对钢筋保护作用的试验研究报告［M］．北京：中国建筑工业出版社，1990．

［163］朱安民．混凝土碳化与钢筋锈蚀的试验研究［M］．济南：山东省建筑科学研究院，1989．

［164］邸小坛，周燕．混凝土碳化规律的研究［R］．北京：中国建筑科学研究院结构所，1994．

［165］张誉，蒋利学．基于碳化机理的混凝土碳化深度实用数学模型［J］．工业建筑，1998（1）：16-19．

［166］张誉，刘亚芹，张伟平，等．混凝土碳化深度计算模式的试验与修正——混凝土碳化快速试验研究（二）．钢筋锈蚀预测模型（攀登计划项目年度研究报告）［R］．上海：同济大学结构工程学院，1996．

［167］蒋利学，张誉．混凝土部分碳化区长度的分析与计算［J］．工业建筑，1999，29（1）：17-20．

［168］金伟良，鄢飞．混凝土碳化指数的概率模型［J］．混凝土，2001（1）：35-37．

［169］MAAGE M，HELLAND S，POULSEN E，et al. Service life predicition of existing concrete structures exposed to marine environment［J］. ACI Mate J，1996，93（6）：602-608．

［170］MANGAT P S，LIMBACHIYA M C. Effect of initial curing on chloride diffusion in concrete repair materials［J］. Cem. and Conar. Res.，1999，29（9）：1475-1485．

［171］THOMAS M D A，BAMFORTH P B. Modelling chloride diffusion in concrete-effect offly ash and slag［J］. Cem. and Conar. Res.，1999，29（4）：487-495．

［172］MEJLBRO L. The complete solution of Fick's second law of diffusion with time-dependent diffusion coefficient and surface concentration［C］∥Durability of concrete in saline environment. Cement AB，Danderyd，1996：127-158．

［173］AMEY S L，JOHNSON D A，MILTENBERGER M A，et al. Predicting the service life of concrete marine structures：an environmental methodology［J］. ACI Struct. J.，1998，95（1）：27-36．

［174］KASSIR M K，GHOSN M. Chloride-induced corrosion ofreinforced concrete bridge decks［J］. Cem. and Concr. Res.，2002，32（1）：139-143．

［175］BODDY A，BENTZ E C，Thomas M D A，et al. An overview and sensitivity study of a multimechanistic chloride transport model［J］. Cement and Concrete Rsearch，1999，29：827-837．

［176］王冰，王命平，赵铁军．近海陆上盐雾区的分区研究［A］．杭州：全国耐久性学术会议，2005．

［177］孙丛涛．基于氯离子侵蚀的混凝土耐久性与寿命预测研究［D］．西安建筑科技大学，2010．

［178］MARK A Ehlen，MICHAEL D A Thomas，EVAN C Bentz. Life-365 service life prediction model? Version 2.0［J］. Concrete International，2009，31（5）：41-46．

[179] 刘荣桂，曹大福，陆春华等 . 现代预应力混凝土结构耐久性［M］. 北京：科学出版社，2013.

[180] 王刚，安琳 . Comsol Multiphysics 工程实践与理论仿真-多物理场数值分析技术［M］. 北京：电子工业出版社，2012.

[181] 李富民 . 腐蚀混凝土构件的承载性能评估与设计［M］. 北京：中国铁道出版社，2011.

[182] 李果 . 锈蚀混凝土结构的耐久性修复与保护［M］. 北京：中国铁道出版社，2011.

[183] 余红发 . 抗盐卤腐蚀的水泥混凝土的研究现状与发展方向［J］. 硅酸盐学报，1999，27（4）：237-245.

[184] 张三平，萧以德 . 应重视西部环境对材料的腐蚀-西部环境腐蚀状况调查［J］. 材料保护，2002，35（7）：58-60.